AF559159

Bundesbahn-Fotoalbum

Band 3: 1971 – 1973

Helmut Bittner

Impressum

Bundesbahn-Fotoalbum

Band 3: 1971 bis 1973

Die Deutsche Nationalbibliothek verzeichnet diese Publikation in der Deutschen Nationalbibliografie; detaillierte bibliografische Daten sind im Internet über http://dnb.d-nb.de abrufbar.

ISBN 978-3-946594-23-9

1. Auflage 2022

Herstellung: Axel Ladleif, DGEG Medien GmbH
Druck und Verarbeitung: Bonifatius Druck, Paderborn

Monforts Quartier 1 · 41238 Mönchengladbach
medien@dgeg.de · **www.dgeg-medien.de**

Titelbild

Helmut Bittner war oft sehr früh auf den Beinen und so verfolgt er mit dem Auto im Mai 1971 den nur sonntags verkehrenden Nahverkehrszug 1872, der Lauda um 6:05 Uhr verlässt, in Crailsheim zum E 1872 wird und nach einem Lokwechsel in Backnang sowie gut drei Stunden Fahrzeit mit einer E-Lok Stuttgart erreicht. In Igersheim bei Bad Mergentheim dampft der Zug in den sonnigen Frühlingsmorgen.

Inhalt

Einleitung

Helmut Bittner (1941–2014) gehört nicht zu den „großen Namen" der deutschen Eisenbahnfotografie. Viele seiner Aufnahmen fanden jedoch schon Eingang in diverse Veröffentlichungen und in den vergangenen Jahren sind die ersten beiden Bände der Reihe „Bundesbahn-Fotoalbum" mit Aufnahmen von Helmut Bittner aus den Jahren 1961 bis 1970 erschienen, denen hier der dritte Band für den Zeitraum 1971 bis 1973 folgt. Ein weiterer Band für den Zeitraum bis 1985 sowie einer mit Auslandsaufnahmen sind noch geplant.

Helmut Bittner wurde 1941 in Prag geboren. Infolge der Kriegsereignisse musste er mit seiner Familie fliehen, nach einer Zwischenstation in Erfurt landete er 1953 im westfälischen Witten, dem er bis zu seinem Tod treu blieb. Sein gesamtes Berufsleben verbrachte er als Ingenieur bei den Edelstahlwerken unweit des Wittener Hbf.

Dem zunächst in Bochum-Dahlhausen, dann in Herbede und seit 1985 in den heutigen Räumen in Witten ansässigen Archiv der Deutschen Gesellschaft für Eisenbahngeschichte (DGEG) hat er sich bis kurz vor seinem viel zu frühen Tod intensiv gewidmet. Zum Bestand dieses Archivs gehören heute auch über 8000 von Helmut Bittner gemachte Dias. Sein gesamtes fotografisches Schaffen war noch erheblich größer; zahlreiche Dias, vor allem mit Motiven aus Österreich, hat er lange vor seinem Tod Freunden (von denen inzwischen selbst einige verstorben sind) überlassen. Um welche genau es sich dabei handelt, ist heute gar nicht mehr nachvollziehbar, aber erkennbare Lücken geben Hinweise.

Schon als Jugendlicher begann er mit dem Fotografieren von Lokomotiven, zunächst in Österreich, wo er lange und intensive Freundschaften pflegte, später vermehrt in der Bundesrepublik. Auch die DDR und vor allem das damalige Jugoslawien gehörten zu seinen Zielen. So sind seit Beginn der 1960er Jahre zahlreiche Aufnahmen entstanden, von denen eine Auswahl in unseren Fotoalben zu sehen ist.

In diesem dritten Band der Reihe gilt es Abschied zu nehmen von etlichen Baureihen. So verschwanden die letzten kohlegefeuerten Schnellzugloks der Baureihen 001, 003, 011 wie auch die letzten Neubautenderloks 065 und 082. Auch bei den Preußen lichteten sich die Reihen bis auf letzte Einzelexemplare der P 8 und T 18 während sich von der T 16.1 immerhin noch einige Maschinen bis Ende 1974 hielten.

In einer Zeit, wo das Aufspüren der letzten Dampfrösser nicht durch Internetforen und Chatgruppen möglich war, halfen Helmut Bittner Freundschaften zu Gleichgesinnten zum Informationsaustausch bis hin zu offiziellen Dokumenten wie den wichtigen Umlaufplänen. Auch die wenigen Zeitschriften für Eisenbahnfreunde und Veröffentlichungen wie die Broschüre „Dampfgeführte Reisezüge der DB", die von der Arbeitsgemeinschaft Eisenbahn-Kurier herausgegeben wurde, waren hilfreiche Quellen zur Reiseplanung.

Auffällig ist, wie oft Helmut Bittner mitten in der Nacht oder sehr frühen Morgenstunden unterwegs war, um bemerkenswerte Dampfleistungen auf Film bannen zu können. Egal ob nachts um halb drei Uhr in Hof für eine Leistung mit 001, die wohl kaum jemand sonst fotografiert hat; oder am Sonntagmorgen um sechs Uhr in Lauda, Helmut Bittner war mit dem Fotoapparat auf Achse und verfolgte den Zug mit seiner 003 auf dem Weg nach Crailsheim in den beginnenden Maimorgen.

Während Helmut Bittner in den 1960er Jahren die moderne Traktion noch deutlich verschmähte hat er in den 1970ern selbst dann auf den Auslöser gedrückt, wenn statt der planmäßigen Dampflok eine Diesellok daher kam. Auch aus diesem Fundus werden in diesem Band etliche Motive gezeigt.

Anhand der Aufzeichnungen Helmut Bittners, der Recherche der Kursbücher wie auch aus eigener Kenntnis habe ich die Texte zu den Bildern verfasst, wobei das eigene Erleben vieler der hier zu sehenden Motive ausgesprochen hilfreich war. Ich hoffe, dass die Zusammenstellung der Aufnahmen und die zugehörigen Texte im Sinne Helmut Bittners sind, der eine tiefe Sachkenntnis und Leidenschaft speziell zur Dampflokomotive pflegte.

Viel Spaß beim Stöbern im Bundesbahn-Fotoalbum Band 3 auf der Reise von Nord nach Süd mit Dampf-, Diesel- und E-Loks durch die Bundesrepublik!

Mein herzlicher Dank gilt Wolfgang Klee für die umfangreiche Unterstützung bei der Bildbearbeitung.

Dietrich Bothe, Hamburg im Frühjahr 2022

Von Westerland nach Hamburg

Die in Hamburg-Altona beheimatete 012 081 hat sich im August 1971 in Westerland an die Spitze des D 1323 gesetzt, der um 15:44 Uhr nach Hamburg-Altona abfahren wird. Während eines zehnminütigen Haltes in Niebüll wird ein gemischtklassiger Kurswagen vom E 480 aus dem dänischen Esbjerg übernommen. Knapp drei Stunden nach der Abfahrt wird ein solcher Wagen am Zielort die umsteigefreie Weiterfahrt nach Köln ermöglichen, wo um kurz nach Mitternacht Ankunft ist. Der an erster Stelle laufende Schlafwagen der Bauart 1928 ist nicht planmäßig.

Drehscheibe, Lokschuppen und Wasserturm des Bw Westerland sind auch heute noch vorhanden. Lokomotiven wird man aber nur noch im Vorfeld dieser Infrastruktur erleben können. Im August 1972 rollt 012 071, die leicht an den kleinen Fensterschirmen von den mit Stauschuten ausgerüsteten anderen 012 zu unterscheiden ist, auf die Scheibe. Im Hintergrund macht sich schon die Ablösung bemerkbar, die zum Fahrplanwechsel im Herbst die 012er in Hamburg überflüssig macht. 012 071 und die meisten anderen taten anschließend von Rheine aus ihren Dienst auf der Emslandstrecke. (oben)

Während neben dem Schuppen eine 012 auf den nächsten Einsatz wartet, hat die 216 003 zusammen mit einer weiteren 012 im Schuppen Unterschlupf gefunden. Rechts ist ein Autozug für die Fahrt nach Niebüll abfahrbereit. (links)

Der nur während der Ferienzeit verkehrende D 1222 aus Hamburg-Altona hat um die Mittagszeit sein Ziel Westerland fast erreicht. Helmut Bittner erwischt den aus zehn Wagen bestehenden Zug mit 012 071 im August 1972 in Tinnum unmittelbar an der östlichen Einfahrt des Bahnhofes Westerland von der Brücke der Keitumer Landstraße aus. Der Einsatz der Baureihe 012 auf der Marschbahn endete mit dem Fahrplanwechsel Ende September 1972. Seither beherrscht die Baureihe 218 den Fernverkehr und lange Jahre auch den Gesamtverkehr auf dieser Strecke.

Vom 24. Juni bis zum 2. September 1972 ist der E 2109 nach Hamburg-Altona samstags mit zwei 012 bespannt. Hier sind es die 012 105 und 012 077, die vor wenigen Minuten in Westerland abgefahren sind und in Keitum offensichtlich schon eine beachtliche Geschwindigkeit erreicht haben. Das Gewicht der beiden Loks und das der neun Wagen unterscheidet sich kaum. Beim Betrachten des Bildes fühlt man sich unwillkürlich in die Mittagshitze des August 1972 versetzt. (oben)

Nur in den Nächten von Freitag auf Samstag und von Sonntag auf Montag verkehrt in den Sommermonaten der D 1308, der Berlin Friedrichstraße um 22:22 Uhr verlässt, eine Stunde später in Wannsee die Autowagen aufnimmt und in Westerland um 9:35 Uhr ankommt. Im August 1971 hat der Zug mit 012 001 in Morsum die Insel Sylt erreicht. (rechts oben)

Im August 1971 sind die beiden in Hamburg-Altona stationierten 220 044 und 012 075 mit D 675 mittags in Westerland gestartet und haben soeben den Bahnhof Morsum durchfahren um in einigen hundert Metern den damals eingleisigen Hindenburgdamm zu erreichen. Der Zug wird Hamburg-Altona nicht anfahren, sondern im Hauptbahnhof auf E-Lok umspannen und seine Fahrt über Hannover nach Frankfurt fortsetzen. (rechts)

Im August 1972 hat eine unbekannte 012 mit einem elf Wagen langen Sonderzug soeben den Nordostseekanal auf der gut 2200 Meter langen Eisenbahnhochbrücke Hochdonn überquert und rauscht talwärts in Richtung Hamburg. (oben)

Auch fünfzig Jahre nach dieser Aufnahme kann man die Baureihe 218 noch vor den Autozügen zwischen Niebüll und Westerland erleben. Im August 1971 hatten die Loks diesen Dienst gerade erst übernommen als die am 26. Juli in Flensburg in Dienst gestellte 218 112 bei Keitum nach Westerland unterwegs ist. (links oben)

Ebenfalls zum Bw Flensburg gehört 215 142, die im August 1971 bei Morsum soeben den rechts im Dunst liegenden Hindenburgdamm verlassen hat. Der aus einem zusammengewürfelten Wagenpark bestehende E 2140 hatte Kiel um 7:44 Uhr verlassen und erreicht den Endbahnhof Westerland drei Stunden später. Seine Fahrtroute führte über Eckernförde, Flensburg und Leck und wäre so heute nicht mehr möglich. Der Zug fuhr während der Ferienzeit täglich und – wie es im Kursbuch wörtlich steht – „sonst an Sa, an und nach Sonn- und Feiertagen“. (links)

Um kurz vor zehn Uhr abends verlässt der D 828 Hamburg-Altona und erreicht bei einem Zwischenhalt in Neumünster schon 65 Minuten später den 104 Kilometer entfernten Hauptbahnhof Kiel. Die Reisegeschwindigkeit liegt bei beachtlichen 96 km/h. Im April 1972 wartet 012 061 auf die Abfahrt. Die markanten Bahnsteighallen des Altonaer Bahnhofes und das Empfangsgebäude von 1898 wurden einige Jahre später abgerissen und durch ein gesichtsloses Einkaufszentrum mit Bahnanschluss ersetzt. Zu Beginn der 2020er Jahre fällt dann die umstrittene Entscheidung zum Neubau des Bahnhofes als Durchgangsbahnhof in Diebsteich.

Trauriges Ende der ersten und der letzten ihrer Baureihe; 012 001 und 012 105 rosten im Dezember 1972 z-gestellt im Bw Hamburg-Rothenburgsort vor sich hin. Während ihre Schwestern zum Fahrplanwechsel Ende September 1972 nach Rheine wechselten, wanderten diese beiden in den Schrott.

Die in Altona stationierte Vorserienlok 216 004 erreicht im April 1972 aus Richtung Büchen den Rangierbahnhof Hamburg-Rothenburgsort. Der lange Zug besteht aus zweiachsigen Selbstentladewagen, deren Ladegut durch Planen gegen Feuchtigkeit geschützt ist. Der Standort des Fotografen ist eine Fußgängerbrücke, die zum links außerhalb des Bildes liegenden Betriebswerk führt. Hinter den Bäumen im Bildhintergrund stehen lange Reihen abgestellter Dampfloks. Das Gleis rechts ist der ehemalige Anschluss zum Gaswerk, links vom Zug der Ablaufberg mit dem Abdrücksignal. (oben links)

Der Blick vom selben Standort in die andere Richtung. 221 147 verlässt im April 1972 Hamburg-Rothenburgsort mit einem Güterzug in Richtung Büchen. Rechts außerhalb des Bildes liegt das Betriebswerk. Die Lok war im September 1965 als letzte ihrer Baureihe an das Bw Lübeck geliefert worden. (oben rechts)

Gegenüber den Bildern der Vorseite ist der Fotograf auf der Brücke weiter zum Bw gegangen und blickt vom erhöhten Standort auf die Freigleise an der Drehscheibe. 051 008, 051 018, 094 937, 094 712 und 094 307 können identifiziert werden. Zwei 50er und zwei 94er verbergen ihre Identität genauso wie der im Hintergrund vorbeifahrende S-Bahn-470, dessen erstklassiger Mittelwagen durch die beige Lackierung im Fensterbereich hervorsticht. (oben)

Die im April 1972 noch mit einem Vorbauschneepflug ausgerüstete 094 712 macht einen recht erbarmungswürdigen Eindruck. Trotzdem wird sie im Herbst 1972 noch nach Lehrte und von dort aus 1973 nach Emden umstationiert, wo sie als eine der letzten T 16.1 der Bundesbahn Anfang 1974 den Dienst quittiert. (rechts)

Von Norddeich nach Münster

012 077 des Bw Rheine hat im August 1973 den aus Köln kommenden D 735 in Rheine übernommen und um 13 Uhr im Bahnhof Norddeich ihr Ziel fast erreicht. Die letzten fünfhundert Meter führen sie mit ihrem Zug auf die Mole, von wo aus für die Fahrgäste ein direkter Umstieg in die Fährschiffe nach Baltrum, Juist und Norderney möglich ist. Der Hektometerstein 36,2 weist die Entfernung von Emden Rbf aus.

012 075 hat mit dem im Sommer 1973 neu eingelegten sonntäglichen E 1933 aus Münster im September 1973 den Endpunkt Norddeich Mole mit seiner putzigen Bahnhofshalle erreicht. Die Fahrgäste haben den Zug verlassen und die Steuerung der Lok liegt bereits auf Rückwärtsfahrt, damit der Zug in den Bahnhof Norddeich zurückgedrückt werden kann. (oben)

Nachdem die 012 077 den auf der linken Seite zu sehenden D 735 auf die Mole gebracht hatte, drückt sie den Zug hier am Stellwerk Nnw vorbei in die Abstellgleise des Bahnhofes Norddeich zurück. (rechts)

Im Juli 1973 hat 012 100 soeben mit D 1334 die Mole verlassen und wird in wenigen Augenblicken im Bahnhof Norddeich erneut halten, ehe sie die Fahrt nach Rheine fortsetzt, wo sie den Zug an eine E-Lok übergeben wird. Diese bringt ihn über Münster und Recklinghausen, wo er zum Eilzug wird, sowie Gelsenkirchen und Essen nach Köln. Der Saisonzug, der nur vom 8. Juni bis zum 2. September verkehrt, besteht überwiegend aus Silberlingen.

Die Emder 023 094 hat im Juli 1971 bei Petkum den D 875 am Haken, der einen außerordentlich kuriosen Laufweg hat. Der Zug startet am späten Vormittag in Norddeich Mole und fährt über Leer, wo Lok- und Richtungswechsel ist, weiter nach Bremen. Von dort geht es mit E-Lok weiter über Hannover nach Hameln, von wo der Zug als Nahverkehrszug 875 weiter über Bad Pyrmont zum Endpunkt Himmighausen fährt. Auf dem Abschnitt Hannover – Altenbeken war der elektrische Betrieb am 23. Mai 1971 aufgenommen worden, was übrigens in der Streckentabelle 212 im Kursbuch noch keinen Niederschlag gefunden hatte. (oben)

Viele Züge der Emslandstrecke führten Kurswagen von Emden West nach Emden-Außenhafen mit, wo Anschluss an die Fährschiffe nach Borkum besteht. 023 102 setzt im Juli 1971 am Stellwerk Eaf zurück, um einen Zug über die gut drei Kilometer lange Strecke wieder zum Bahnhof West, dem heutigen Hauptbahnhof, zu bringen. (rechts)

In der heutigen Zeit denkt man beim Namen der Stadt Papenburg vor allem daran, dass dort im Binnenland Hochseeschiffe gebaut werden. Im Juli 1973 reizte den Eisenbahnfreund die südliche Bahnhofsausfahrt mit den beiden Klappbrücken über den Sielkanal, die auch heute noch den Zugang zu einem vergleichsweise kleinen Hafenareal ermöglichen. Dazwischen steht majestätisch das Stellwerk Pf. Die Rheiner 012 063 verlässt mittags kurz vor zwölf Uhr mit dem D 1338 von Emden nach Münster den Bahnhof mit einer beachtlichen Qualmwolke.

Unmittelbar am Bahnhof Lathen liegt das Hotel Bruns, in dem Helmut Bittner mehr als einmal abgestiegen ist, um in der Umgebung den Dampfloks die Aufwartung zu machen. So verabredet er sich zum Beispiel für den Freitag, 23. Juli 1971 mit seinem Freund Reinhard Grisebach dort. Für den Samstag schlägt er vor, den Raum Lathen zu erwandern, während sie den Sonntag im Raum Emden verbringen wollen, um die letzten dortigen 23er zu fotografieren. Im September 1971 rauscht nachmittags 042 364 mit einem gemischten Güterzug in Richtung Emden durch den Bahnhof Lathen.

Morgens um sieben Uhr startet in Emden West der D 873 nach Hannover gemeinsam mit D 738 nach Dortmund. Nach der Trennung in Leer sind die Osnabrücker 624 680 und 624 671 als D 738 in Lathen angekommen. Um kurz nach halb acht Uhr hat Helmut Bittner im September 1971 sicher nach dem Frühstück gerade das Hotel Bruns verlassen und erwartet den Zug an der Schranke unmittelbar vor der Hoteltür.

Mit einem sogenannten „langen Heinrich“, einem 4000-Tonnen-Erzzug aus 50 Wagen von Emden ins Ruhrgebiet oder das Saarland, sind die ölgefeuerte Rheiner 043 681 und die kohlegefeuerte Emder 044 238 in Lathen im August 1973 unterwegs. Der Fotograf hat sich auf der Laderampe postiert.

Um kurz nach halb sieben ist die planmäßige Abfahrt des E 1632 auf seiner Fahrt von Emden West über Dortmund und Hagen nach Köln in Lathen. 012 063 beschleunigt den Zug an einem sonnigen Julimorgen 1972. Das Gleis ganz rechts gehört zur Strecke der Hümmlinger Kreisbahn nach Werlte. Diese 1898 als Schmalspurbahn eröffnete Verbindung wurde Mitte der 1950er Jahre umgespurt, um die Erdölvorkommen in ihrem Einzugsbereich wirtschaftlich erschließen zu können.

Im Güterverkehr dominierten auf der Emslandstrecke die Baureihen 042, 043 und 044. Die in Emden beheimateten 50er waren etwas seltener unterwegs. Mit einem an Ölloks erinnerten Qualmpilz ist die gut gepflegte 051 580 an einem Augustnachmittag 1973 mit einem Güterzug nach Rheine zu sehen. An erster Stelle läuft ein Güterzugbegleitwagen der Bauart Pwghs 54, von dem insgesamt 1200 Stück gebaut wurden. Eigentlich wäre auch die Tenderkabine der geeignete Platz für den Zugführer.

044 682 benötigt im Juli 1972 bei Lathen keine Unterstützung durch eine Schwesterlok, um ihren Leerzug nach Emden zu bringen. (oben)

Der sonntägliche E 1933 ist uns schon auf Seite 17 in Norddeich Mole begegnet. Hier ist er mit 012 063 im August 1973 kurz vor acht Uhr morgens bei Lathen unterwegs. (links oben)

Mit den Verkehrstagen vom 8. Juni bis 2. September 1973 war der D 1337 ein klassischer Feriensaisonzug. Der Laufweg Münster – Norddeich Mole spiegelt dabei seine Bedeutung nur unzureichend wieder. Entscheidend waren die Kurswagen 1./2. Klasse sowie Schlaf- und Liegewagen, die am Abend vorher mit D 610 in München starteten, früh morgens in Köln auf D 731 übergingen und über Wuppertal, Hagen und Hamm nach Münster fuhren. Weitere Kurswagen kamen mit D 531 aus Köln über Essen, Dortmund und Hamm. Schließlich war der Zug eine Besonderheit wegen der Wagen in der kurzlebigen Pop-Lackierung zu Beginn der 1970er Jahre. Um viertel vor zehn Uhr braust im August 1973 die 012 075 südlich von Lathen am Fotografen vorbei. (links unten)

Am einem Nachmittag im September 1971 hat der Heizer von 012 074 gerade den Ölbrenner gezündet, als die Lok mit D 1334 von Norddeich Mole nach Köln südlich von Lathen am Fotografen vorbeirauscht. Die Lok, die als eine der ersten im Mai des Jahres aus Altona nach Rheine gekommen war, wird den Zug bis Münster bringen, wo er für den Weg als E 1334 über Wanne-Eickel und Essen-Altenessen bis Köln von einer E-Lok übernommen wird. Sechs Silberlinge laufen im elfwagigen Zug.

Um den starken Andrang auf den auf der linken Seite gezeigten D 1334 zu bewältigen, fährt als Verstärker der D 10334, der an der gleichen Stelle mit der kohlegefeuerten 011 072 und fünf Altbauwagen gen Süden fährt. Nachdem 1971 die ersten Altonaer 012 nach Rheine abgegeben worden waren, wurden die 011 nur noch in untergeordneten Diensten oder für Sondereinsätze wie die saisonalen Verstärkerzüge eingesetzt. Im Vergleich der beiden Bilder dieser Doppelseite wird exemplarisch auch der unterschiedliche Pflegezustand der beiden Baureihen deutlich.

Eine der beliebtesten Fotostellen an der Emslandstrecke war der Lathener Einschnitt auf halber Strecke zwischen Lathen und Haren. Am Hektometerstein 274,8 kommt 012 066 mit dem morgendlichen E 1631 von Münster nach Norddeich Mole im Juli 1972 um die Kurve. Die Kilometrierung entspricht übrigens der Streckenführung der seinerzeitigen Königlich Westfälischen Eisenbahn von Warburg über Altenbeken, Hamm und Münster, die im Kopfbahnhof Emden Süd bei 348,6 endet, während der Rest der Strecke nach Norddeich von Emden Rbf aus zählt.

An der selben Stelle wie auf der Vorseite mülmt im Juli 1972 die bestens gepflegte Emder 044 231 mit ihren Güterzug voller neuer VW-Käfer in seinerzeitigen Modefarben zur Überseeverladung nach Emden. Damals wurden die so kostbaren Autos noch nicht mit dem heute üblichen Verpackungsmüll zusätzlich verhüllt.

043 381 rollt mit einem Leerzug im Juli 1971 südlich von Lathen in Richtung Rheine. Auch wenn die Kalkspuren am Zylinder nichts Gutes verheißen, wird die Lok 1977 zu den letzten aktiven Dampfloks der DB gehören; heute ist sie im Eisenbahnmuseum in Nördlingen museal erhalten. (oben)

Der D 1337 von Münster nach Norddeich Mole mit seinen Wagen in Pop-Lackierung gehörte im Sommer 1972 nicht zum 012-Umlaufplan. Im Juli 1972 ist die Oldenburger 216 043 mit dem Zug bei Lathen auf dem Weg nach Norden. (rechts oben)

Eineinhalb Jahre nach Einführung des Systems der erstklassigen IC-Züge unter dem Motto „Deutschland im 2-Stunden-Takt“ wurde zum Sommerfahrplan 1973 die Zuggattung DC als Schnellzug des Intercity-Ergänzungssystems eingeführt. Im August 1973 ist die OLdenburger 216 056 für die Beförderung des DC 912 „Ostfriesland“, der hier bei Lathen vorbeibraust, auf dem Abschnitt Rheine – Emden Hbf zuständig. Zuvor hatte der Zug die Strecke von Frankfurt über Hagen und Hamm mit einer E-Lok zurückgelegt. Bereits 1978 wurde der DC wieder fallen gelassen und lebte zehn Jahre später als Interregio noch einmal für kurze Zeit auf, wobei eine Zeit lang auch die Verbindung Frankfurt – Emden wieder befahren wurde. (rechts)

Im Dezember 1973 zeigte sich die Landschaft bei Lathen unter Neuschnee und bei strahlendem Sonnenschein – besser konnte man es sich nicht wünschen. Und doch wurde die Hoffnung auf reiche Ausbeute mit Dampflokfotos nur bedingt erfüllt, weil damals die erste Ölkrise aufgrund der Folgen des Jom-Kippur-Krieges die Abstellung etlicher ölgefeuerter Dampfloks zur Folge hatte. Pikanterweise wurden just zu dieser Zeit noch einmal drei kohlegefeuerte Loks der Baureihe 044 in Öl-043 umgebaut. Helmut Bittner erwischt aber immerhin 043 672 (oben) und 043 100 (rechts oben) mit ihrem unterschiedlichen Ganzzügen auf dem Weg Richtung Rheine.

Statt der 216 120 hätte nach Laufplan eine 012 vor dem E 1806 von Norddeich Mole nach Essen sein sollen. Trotzdem drückte Helmut Bittner auf den Auslöser, während manch anderer in dieser Situation untermauert durch verbale Ausfälle vermutlich die Kamera hätte sinken lassen. (rechts)

Nur während der Sommersaison vom 21. Juni bis 3. September 1971 verkehrt der D 13436, der von der neu aus Hamburg nach Rheine gekommenen 012 074 von Norddeich Mole bis Münster befördert wird. Kurz nach sechs Uhr nachmittags passiert der Silberlingszug im Juli 1971 nördlich von Meppen den Fotostandort. (oben)

Mit einem leeren „langen Heinrich“ sind in seltener Kombination 051 544 und 043 746 nördlich von Meppen im Juli 1971 auf dem Weg nach Emden. (links oben)

Vermutlich war der D 714 von München nach Norddeich Mole wegen der Ferienzeit gut ausgelastet und 012 055 ist deshalb an diesem späten Julinachmittag 1971 bei Meppen mit einem Vorzug unterwegs an die Küste. Die zwei Silberlinge und ein 2.-Klasse-Schnellzugwagen stellen keine große Last dar. (links)

Die in Hannover beheimatete 220 080 erreicht mit dem aus niederländischen Wagen gebildeten E 1528 von Bad Harzburg nach Amsterdam CS am frühen Nachmittag im September 1972 den Bahnhof Salzbergen, wo die Strecke in Richtung Bentheim und Niederlande abzweigt. Im Hintergrund die Brücke der Schüttorfer Straße an der südlichen Bahnhofseinfahrt. (oben)

212 138 des Bw Münster hat mit dem abendlichen Nahverkehrszug 3169 von Rheine nach Meppen im Juni 1972 gerade Salzbergen verlassen. Für die 51 Kilometer lange Strecke benötigt der Zug bei fünf Zwischenhalten eine dreiviertel Stunde, was einer Reisegeschwindigkeit von beachtlichen 68 km/h entspricht. (links)

012 084 hat den D 1338 in Rückwärtsfahrt von Emden-Außenhafen nach Emden West gebracht und dort umgesetzt, um ihn nach Münster zu bringen. Im Juni 1972 kommt sie Helmut Bittner an der Nordeinfahrt des Bahnhofes Salzbergen vor die Linse. Die Gleise links führen nach Bentheim, welches 1979 den Namenszusatz „Bad" erhält. Das kleine Stellwerksgebäude ist auch auf der Aufnahme auf der linken Seite unten am rechten Bildrand zu erkennen.

Die Brücke der Schüttorfer Straße an der Südeinfahrt des Bahnhofes Salzbergen dient dem Fotografen bei den Aufnahmen dieser Seite als Standort. 012 063 war als Lz von Rheine aus dem D 1335 nach Münster entgegengefahren, der von Köln mit E-Lok dort ankam. Für die Strecke bis Norddeich Mole benötigt der Zug knapp fünf Stunden, von denen noch knapp die Hälfte vor ihm liegen. Im Juni 1972 läuft im Zug mit zehn Wagen an erster Stelle ein blauer Packwagen der Bauart Pwü-36, bei dem die Kanzel entfernt wurde. (oben)

Das niederländische Militär ist mit diesem Zug vermutlich in die Senne unterwegs. 042 206 hat ihn in Bentheim übernommen, im September 1972 gerade den Bahnhof Salzbergen durchfahren und wird ihn mutmaßlich bis nach Löhne bringen, von wo aus er dann über Bielefeld nach Sennelager weiterfährt. Im Hintergrund grüßt die katholische St. Cyriakus-Kirche. (links)

In den Jahren 1972 und 1973 fuhr jeweils samstags in der Sommerferienzeit das Zugpaar Dt 13320/13321 von Frankfurt nach Norddeich Mole und zurück mit einer 601-Garnitur. Helmut Bittner erwischt 601 019 und 601 001 im September 1973 nördlich von Rheine auf der Fahrt nach Norden (oben) und 601 011 mit 601 008 im Juli 1972 bei Meppen auf der Rückfahrt nach Frankfurt. (rechts)

Im Bahnknoten Rheine kreuzen die Emslandstrecke Münster – Emden und die Strecke Löhne – Rheine mit ihrer Fortführung über Salzbergen nach Bentheim und in die Niederlande. Daneben gab es aber früher auch die von der Rheinischen Bahn 1879 eröffnete Verbindung Duisburg – Coesfeld – Rheine – Quakenbrück und die erst 1905 eröffnete Strecke Rheine – Ochtrup, die beide im westlichen Bahnhofsteil angesiedelt waren. Nachmittags war dort ein idealer Fotostandort für südwärts fahrende Züge des Personenverkehrs und Güterzüge der Emslandstrecke in beide Richtungen. Helmut Bittner nutzt dies im September 1972 für die Aufnahme der 044 534 mit ihrem Kohlenzug nach Emden (oben) und der 012 080 mit dem Nahverkehrszug 2250, der in Rheine kurz nach drei Uhr nachmittags startet und knapp eineinhalb Stunden später sein Ziel Hamm erreicht. Die Reisegeschwindigkeit beträgt etwa 50 km/h, was eine 50er auch hingekriegt hätte. (links)

Dass Helmut Bittner Frühaufsteher war, konnten wir schon mehrfach feststellen. Im Juli 1971 verabredet er sich brieflich mit seinem Freund Reinhard Grisebach für einen Besuch der Emslandstrecke und vereinbart ein Treffen in Lathen, wo er mit dem Zug 3103 um 6:27 Uhr eintreffen will. Wir wissen nicht, ob diese Tour tatsächlich stattgefunden hat. Allerdings ist die oben gezeigte Aufnahme vom September 1971 ein Beleg, dass er zumindest hier in besagter Weise gereist sein muss. Nur so nämlich konnte er in Rheine 012 066 mit dem E 14105 von Münster nach Norddeich Mole aufnehmen. Dieser startete um 3:35 Uhr und hatte in Rheine von 4:05 bis 4:15 Uhr Aufenthalt. Da der Zug aber nicht in Lathen hielt, gab es für die Weiterfahrt gut eine Stunde später den Triebwagen 3105 nach Meppen, von wo aus unmittelbar darauf samstags der 3103 nach Leer abfuhr. Für die Fahrt nach Münster muss er übrigens entweder am Vorabend losgefahren sein und dort eine beträchtliche Wartezeit in Kauf genommen oder das Auto genutzt haben.

Das Paradezugpaar auf der Emslandstrecke war D 714/715 mit dem Zuglauf München — Ulm, mit Kurswagen von/nach Friedrichshafen – Stuttgart – Mühlacker – Heidelberg – Frankfurt – Gießen – Hüttental-Weidenau – Hagen – Schwerte (D 714)/Dortmund (D 715) – Hamm – Münster – Norddeich Mole und zurück. In der Nordrichtung war der Zug auf der etwa 950 Kilometer langen Strecke ziemlich genau zwölf Stunden unterwegs, südwärts eine Stunde länger. Im Juni 1973 hat 012 068 um Viertel vor fünf Uhr nachmittags in Rheine den D 714 übernommen und wird die 176 Kilometer lange Strecke an die Küste in gut zweieinviertel Stunden mit einer Reisegeschwindigkeit von 77,6 km/h zurücklegen.

Bis zur Elektrifizierung der Rollbahn auf dem Abschnitt Osnabrück – Hamburg zum Winterfahrplan 1968/69 fuhr der TEE „Parsifal“ Hamburg – Paris mit den Triebwagen der Baureihe VT 11.5. Im Mai 1971 fährt der Zug längst als lokbespannter Wagenzug mit der Baureihe E 10.12 beziehungsweise 112, wie sie ab 1968 hieß. Im Mai 1971 kommt die Frankfurter 112 311 nachmittags um halb fünf Uhr mit TEE 44 in Münster (Westf) Hbf an. In Vorbereitung auf die Einführung des IC-Systems zum Winterfahrplan 1971 heißt der Zug ab Sommer 1971 dann TEE 32 und fährt in dieser Richtung eine Stunde früher.

Weil das Ruhrgebiet von Helmut Bittner im Zeitraum 1971 bis 1973 recht stiefmütterlich behandelt wurde, reicht es hier nicht für ein eigenes Kapitel.

Die in Duisburg-Wedau beheimatete 055 632, die im Juni 1971 in Duisburg-Hochfeld Süd Wasser fasst (oben) und die im März 1973 im Bw Hamm aufgenommene 094 055 (links, Foto Sammlung Thomas Dietrich), sollen stellvertretend für diese Region stehen, in der noch zahlreiche Dampfloks im Güterverkehr unverzichtbar waren. Während 055 632 als letzte Wedauer 55er im August 1971 z-gestellt wird, gehört 094 055 mit ihrer Abstellung im Dezember 1974 zu den letzten Länderbahnloks der DB überhaupt.

Altenbeken

Von der Königlich Westfälischen Eisenbahn wurde in zwei Abschnitten 1850 und 1853 die Strecke Hamm – Warburg eröffnet. Größtes Bauwerk der Strecke ist der 482 Meter lange und 35 Meter hohe Altenbekener Viadukt, der mit 24 Bögen das Beketal überquert. Bis in die Mittagsstunden bietet sich von einem Weg oberhalb des Altenbekener Friedhofes aus ein guter Panoramablick auf das markante Bauwerk. Helmut Bittner hat dort im Januar 1972 Stellung bezogen und erwischt einen talwärts fahrenden Militärzug mit einer Lok der Baureihe 50. Für den Transport der Panzer einer leichteren Bauart reichen hier einfache Rungenwagen aus.

Obwohl auf der Strecke von Hamm nach Kassel bereits im Dezember 1970 der elektrische Betrieb aufgenommen wurde, verblieb der Dienst im Güterverkehr noch bis 1973 bei den 44 mit Kohle- und Ölfeuerung der Betriebswerke Hamm, Paderborn, Ottbergen und Kassel. Die vor Ort beheimatete 044 389 verlässt hier im Dezember 1972 mit einem Güterzug in Richtung Altenbeken den Bahnhof Paderborn mit seinem Reiterstellwerk.

Kurz vor dem Altenbekener Viadukt hat die Kasseler 043 469 im September 1972 den größten Teil der Steigung von Paderborn herauf geschafft. An der senkrecht über der Lok stehenden Rauchsäule ist erkennbar, dass die Geschwindigkeit nur noch gering ist. Umso kräftiger wird der Auspuffschlag sein, der kilometerweit zu hören ist.

Von der selben Stelle wie auf der Vorseite sind die beiden Aufnahmen dieser Seite mit allerdings talwärts fahrenden Zügen aufgenommen. Die ölgefeuerte 043 636 rollt im September 1972 ohne Kraftanstrengung am Fotografen vorbei. (oben)

Eher seltener Besuch in Westfalen ist die 194 579, die im Dezember 1972 auf dem Weg nach Hamm ist. Als eine der letzten Nachbauloks ihrer Baureihe ist sie zum Aufnahmezeitpunkt gerade einmal 17 Jahre alt. Immerhin gehört sie zu den nach ihrer Ausmusterung 1987 bis heute erhaltenen Loks. (links)

Die Ottbergener 044 672 ist mit den bis zum Schluss in den Rauchkammernischen angeordneten Pumpen ein Unikat. Die Umlaufschürze tragen hingegen auch im September 1972 noch etliche ihrer Schwestern. Vermutlich wird sie mit ihrem Zug in Altenbeken in Richtung Ottbergen abzweigen und dabei kurz hinter dem Bahnhof den 1632 Meter langen Rehbergtunnel durchfahren. (oben)

Die ölgefeuerte 043 167 hat offensichtlich im Dezember 1972 am selben Aufnahmeort auch erheblich an Geschwindigkeit eingebüßt und so wie der Auspuffschlag weithin hörbar ist, ist die Rauchsäule unübersehbar. (rechts)

Nachmittags empfiehlt sich für den Fotografen der Wechsel auf die Nordseite der Altenbekener Bahnlagen, wo sich heutzutage ein besonders eingerichteter Aussichtspunkt auf den Viadukt als Standort empfiehlt. Auch Helmut Bittner bezog hier im Juli 1971 Stellung, ohne dass der Punkt damals besonders gekennzeichnet war. Die Ottbergener 044 492 ...

… und die Kasseler 043 121 haben mit ihren Zügen, die jeweils komplett auf dem Viadukt Platz finden, keine allzu große Last am Haken.

Nachdem 1968 zwanzig Loks der Baureihe 112 nachgebaut worden waren und ab 1970 die neuen 103-Serienloks in die hochwertigen Dienste drängten, landeten die ehemaligen E 10.12 auch schon mal in weniger noblen Diensten. Mittlerweile in Dortmund beheimatet ist 112 312 mit dem D 453 Mönchengladbach – Leipzig unterwegs und kommt kurz vor dem Altenbekener Viadukt am Fotografen vorbei. Die Lok bleibt bis Kassel am Zug und im Dezember 1972 wird in Bebra eine Erfurter 01.5 die weitere Beförderung übernehmen. (oben)

Als es noch keine Spartenaufteilung des Fahrzeugparks gab, waren auch E 40 im Schnellzugdienst zu finden. So hat die Kölner 140 699 im Juli 1971 den D 640 von Braunschweig über Hagen, wo er zum E 640 wird, nach Köln am Haken. Der Zug hat gerade den Bahnhof Altenbeken verlassen und wird gleich den Viadukt überqueren. (links)

Der D 578 startet früh morgens in Basel SBB und fährt nach Bremerhaven. Der Weg über Altenbeken ist dabei gegenüber der Route via Göttingen ein Umweg, welcher durch die Führung über das sogenannte Gleis 200, also die Umgehungskurve Altenbeken, nur geringfügig verkürzt wird. Im September 1972 ist die Nürnberger 110 289 unmittelbar vor dem Abzweig angelangt. (ganz oben)

Auch die Seelzer 141 360 ist im Juli 1971 mit D 888 von Kassel nach Hannover im Schnellzugdienst aktiv. Der Zug legt mit einem elfminütigen Aufenthalt in Altenbeken einen Richtungswechsel ein. (oben)

Der Blick in die Gegenrichtung zeigt rechts das Gleis 200, während der Militärzug mit den Paderborner 052 778 und 044 652 im Juli 1971 gerade den Bahnhof Altenbeken durchfahren hat und jetzt die nächsten Steigungsmeter auf dem Weg nach Kassel zurücklegt. (rechts)

052 778-8

Beifang quer durch die Mitte

Im Bahnhof Bad Wildungen steht die Kasseler 216 181 mit dem E 1640 nach Oberhausen zur Abfahrt bereit, während links eine V 100 mit dem Nahverkehrszug 4773 aus Wabern angekommen ist und kurz darauf als 3173 dorthin zurückfahren wird. Zwei Köf sind für den Bahnhofsverschub in dem Kopfbahnhof eingesetzt. Die ersten Kilometer bis zur Abzweigung in Wega werden beide Züge den selben Weg nehmen. Während die Fahrt nach Wabern auch heute noch möglich ist, steht für die Fahrt nach Korbach auf einem großen Teil des Weges nur der Drahtesel zur Verfügung, um der alten Streckenführung zu folgen. (oben)

Im Lokschuppen von Kreiensen ruhen sich im September 1972 eine V 100 und drei V 160, darunter eine der in Hamburg-Altona stationierten Vorserienloks, aus. Die Aufnahme entstand vermutlich bei der ersten Sonderfahrt der frisch aus der DDR eingereisten EK-24 009, bei der am frühen Nachmittag ein längerer Aufenthalt in Kreiensen eingelegt wurde. (links).

Im August 1972 hatte ein Besuch an der Strecke Bebra – Gerstungen die DR 01.5 zum Ziel, von denen aber leider nur eine einzige Aufnahme aus der Sammlung von Thomas Dietrich zur Verfügung steht. 01 0528 vom Bw Erfurt bespannt den D 202, der aus Berlin planmäßig um 4:50 Uhr in Bebra ankommt und um 5:13 Uhr mit einer DB-E-Lok als D 450 weiter nach Heidelberg fährt. Während übrigens bei allen anderen Zügen in Gerstungen das Ein- und Aussteigen ausdrücklich verboten war, bot der D 201 das Aus- und D 202 das Einsteigen für Übergangsreisende nach oder aus Eisenach mit festgelegten Zügen an. (ganz oben)

Auf der Strecke Bebra – Gerstungen sind 216 104 unterhalb des Hönebacher Tunnels mit einem Güterzug in die DDR (oben) und 216 091 mit einem leeren Kalizug im Transit über Gerstungen nach Philippsthal bei der Ausfahrt aus dem Tunnel vor dem Bahnhof Hönebach zu sehen. (rechts)

Ein heute unvorstellbarer Zuglauf führt den E 1564 von Frankfurt über Marburg, Wallau, Kreuztal und Siegen nach Köln. Im Oktober 1973 erreicht er mit der Kasseler 216 099 Kreuztal. Die hinten am Zug hängende V 100 erfüllt sicherlich keine betriebliche Notwendigkeit. (oben)

Noch kurioser und deutlich länger ist der Zuglauf des D 1325, der früh um halb sieben Uhr in Münster startet und über Hamm, Schwerte, Hagen, Weidenau, Wetzlar, Bad Nauheim, Aschaffenburg, Würzburg, Nürnberg, Regensburg, Landshut, Mühldorf, Freilassing um sechs Uhr abends sein Ziel Berchtesgaden erreicht. In Wetzlar ist der Zug im Juni 1972 mit der Kölner 140 292 und einem Speisewagen der Bauart 1928 zu sehen. Kurswagen aus Krefeld wurden dem Zug in Hagen beigegeben, ab Regensburg gab es solche nach Bayrisch Eisenstein. (links)

An der Mosel

Der Besuch in Koblenz und an der Moselstrecke im Juli 1971 galt natürlich insbesondere dem Dampfbetrieb. Immerhin war aber auch die gerade vier Monate alte 103 105 mit dem TEE 6 „Rheingold" von Genève nach Hoek van Holland eine Aufnahme Wert. Übrigens schied mit der am 21. Juli 1971 in Rheinweiler verunglückten 103 106 zu diesem Zeitpunkt die erste 103 nach einer Dienstzeit von nur knapp vier Monaten aus dem Bestand der DB aus. Die Lok entgleiste vor dem D 370 „Schweiz-Express" mit überhöhter Geschwindigkeit und stürzte einen Hang hinunter. Bei dem Unglück wurden 23 Menschen getötet und 121 verletzt; es war nach den tragischen Unfällen von Aitrang und Radevormwald das dritte sehr schwere Eisenbahnunglück bei der DB im Jahr 1971.

Nicht an der Mosel sondern an der Lahn ist die Saarbrücker 023 076 mit dem nur aus einem Wagen bestehenden E 2042 im September 1971 bei Bad Ems unterwegs. Der Zug fährt in Nassau um 9:26 Uhr ab und erreichte Koblenz nach 26 Kilometern und Halten in Bad Ems und Niederlahnstein um 9:54 Uhr. Der E 2042 wurde im Sommer 1971 neu eingeführt und besteht nur aus einem Kurswagen für den D 602 von Saarbrücken nach Dortmund. Einen passenden Gegenzug zum E 2042 gab es übrigens nicht.

Im Bw Koblenz-Mosel waren traditionell Loks der Baureihe 82 stationiert, deren Einsatz aber 1971 bereits in den letzten Zügen lag. So wurden Anfang Juni 1971 noch drei 94er nach Koblenz umbeheimatet. Zu ihnen gehörte auch 094 184, die aus Saarbrücken kam. Im Oktober 1971 steht sie in abgewirtschaftetem Zustand vor dem heimatlichen Lokschuppen. Dahinter versteckt sich 094 592, die ohne Oberflächenvorwärmer ein Unikat unter den damals noch vorhandenen Loks ihrer Baureihe war. Als 1972 neue 290er das Regiment übernahmen, kam 094 184 nach Lehrte, wo sie — in deutlich besserem Pflegezustand — noch bis 1974 im Einsatz war. Ob man davon sprechen kann, dass die Lok bis heute überlebte ist angesichts der Zerlegung in Einzelteile durchaus fragwürdig.

Die im Bw Koblenz-Mosel beheimatete 044 573 hat mit einem Güterzug ihren Heimatbahnhof vor gut einem Kilometer verlassen und unterquert die Brücke am Burgweg im Ortsteil Moselweiß, wo Helmut Bittner für die Aufnahmen dieser Doppelseite im Oktober 1971 seine Position eingenommen hatte. (oben)

Eine imposante Länge von zehn Wagen hat der Nahverkehrszug 2436 nach Trier, der aus drei Garnituren der Baureihe 634 – zwei dreiteilige und eine vierteilige – besteht und hier gegen elf Uhr vormittags am Fotografen vorbeifährt. Die meisten Trierer VT 24 waren zu dem Zeitpunkt bereits mit Luftfederung ausgestattet, die prinzipiell auch eine kurvenabhängige Wagenkastensteuerung ermöglichen sollte, welche aber nie so recht funktioniert hat. In der ersten Garnitur ist der Mittelwagen übrigens ein gemischtklassiger 934.5, von dem nur fünf Exemplare gebaut wurden, die meist in vierteiligen Einheiten eingesetzt wurden. (links)

Die letztgebaute Dampflok der DB wurde im Dezember 1959 beim Bw Minden in Dienst gestellt und beendete ihre kurze aktive Laufbahn beim Bw Saarbrücken, wo sie Anfang 1972, exakt zwölf Jahre und einen Monat nach ihrer Probefahrt, z-gestellt wurde. Von 1972 bis 1983 war sie in der Obhut der DGEG und danach sogar betriebsfähig in Nürnberg, ehe sie bei dem verheerenden Brand im Oktober 2005 schwer beschädigt wurde. Mittlerweile steht sie äußerlich restauriert in Heilbronn. Hier ist sie um die Mittagszeit mit dem Nahverkehrszug 2452 von Koblenz nach Trier unterwegs.

Der Fotostandort der Vorseiten ist hier im Hintergrund zu sehen. 044 523 wird mit ihrem Güterzug nach Ehrang im Oktober 1971 gleich die Gülser Moselbrücke überqueren. (oben)

Die Trierer 216 dominierten den Personenverkehr auf der Moselbahn deutlich gegenüber einigen wenigen Ehranger 01 und Saarbrücker 23. Hier hat 216 105 im September 1971 den E 1864 von Koblenz nach Trier am Haken. Die ersten beiden Wagen sind vermutlich für eine Reisegesellschaft reserviert, die in freudiger Erwartung schöner Tage die Reise am offenen Fenster genießt. (links)

Der Blick in die Gegenrichtung zeigt die Gülser Moselbrücke und im Hintergrund den namensgebenden Ortsteil von Koblenz. Die Koblenzer 044 327 überquert im Oktober 1971 die Brücke mit einem Güterzug aus Ehrang. (oben)

Für die nur vier Wagen des D 555 von Luxembourg nach Koblenz hätte eine Lok ausgereicht. Im September 1971 teilen sich die Trierer 216 077 und 216 180 die Aufgabe. (rechts)

Da die Gülser Moselbrücke einen Fußgängersteg hat, ist im Oktober 1971 auch eine Aufnahme auf der Brücke möglich. Die Zuglok dieses Güterzuges, 044 383, ist im Bw Ehrang beheimatet.

Am frühen Nachmittag verkehrt der Nahverkehrszug 2460 von Koblenz nach Cochem, der im Oktober 1971 als dreiteiliger 634 südlich von Koblenz-Güls unterwegs ist. (oben)

Vermutlich am selben Tag ist die Koblenzer 044 268 an der selben Stelle mit einem Güterzug nach Ehrang zu sehen. Die Bahn wendet sich hier auf einem oberhalb der Bundesstraße liegenden gemauerten Damm nach Westen und folgt anschließend über etwa 40 Kilometer bis Cochem dem gewundenen Lauf der Mosel. (rechts)

Paradezug auf der Moselstrecke war das Zugpaar D 356/357 Koblenz – Luxembourg – Reims – Paris Est. Im August 1971 zieht 216 179 den D 356 nördlich von Kobern-Gondorf durch die Weinberge in unmittelbarer Nähe zur Mosel.

In der Ortsdurchfahrt Kattenes entfernt sich die Bahnlinie bis zu 150 Meter vom Fluss, während die Bundesstraße unmittelbar am Ufer entlang führt. Zum Aufnahmezeitpunkt im November 1973 wird der elektrische Betrieb auf der Moselbahn aufgenommen und die Ehranger 044 331 Anfang 1974 nach Gelsenkirchen abgegeben. Hier ist sie im frühen Morgenlicht mit einem Güterzug nach Koblenz unterwegs.

Mit einem Kokszug aus zweiachsigen französischen Wagen legt die Koblenzer 044 327 in Cochem im November 1973 noch eine kraftvolle Ausfahrt hin. Nebenan lässt die Saarbrücker 140 099 der Dampflok noch den Vortritt. Am Bahnsteig haben sich einige weitere Fotografen versammelt, um den Dampfloks die letzte Aufwartung zu machen.

Um den Reigen der Traktionsarten voll zu machen, haben sich in Cochem auch noch die Trierer 290 263 und die in Simmern beheimatete 211 248 als Schubloks eines Güterzuges eingefunden. (rechts)

Nach Duchqueren des 4205 Meter langen Kaiser-Wilhelm-Tunnels zwischen Cochem und Eller wechselt die Moselstrecke auf einer Brücke auf die andere Flussseite und kommt bei Neef auf der rechten Moselseite aus dem 367 Meter langen Petersbergtunnel. Von der gegenüberliegenden Seite bietet sich nachmittags ein schöner Panoramablick auf die auch hier auf einem gemauerten Damm inmitten der Weinberge verlaufende Strecke mit dem markanten Ortsschild NEEF. Die Koblenzer 044 670 bringt ihren Güterzug im Juli 1971 in Richtung Ehrang.

Am selben Tag bespannt 216 017 den D 356 Koblenz – Paris Est, in dem an erster Stelle ein den deutschen Silberlingen ähnlicher Nahverkehrswagen der Luxemburgischen Eisenbahn CFL mitläuft. (oben links)

Da es die heute vorhandene Straßenbrücke im Juli 1971 noch nicht gab, nutzte Helmut Bittner zwischen den hier gezeigten Aufnahmen die Fähre, wobei die folgenden Aufnahmen früher am Tag liegen als die von der anderen Flussseite aus aufgenommenen. So ist 023 077 mit dem 2456 von Koblenz nach Trier schon um kurz vor drei Uhr nachmittags in Neef, wo sie gleich die Brücke nördlich des Haltepunktes unterquert. (oben rechts)

Hier geht der Blick nach Süden von der Brücke der Petersbergstraße in Neef auf die Ehranger 044 387, die im Juli 1971 mit einem Güterzug nach Koblenz fährt.

Südlich von Neef liegt die Strecke wieder unmittelbar oberhalb der Mosel. Die Koblenzer 044 202 bringt im Juli 1971 einen Güterzug nach Ehrang. Im November 1971 wechselt die Lok nach Ottbergen, wo sie aber unmittelbar z-gestellt wird.

Im Juli 1971 steht um viertel nach acht Uhr morgens die Sonne schon hoch genug, um das richtige Fotolicht an der nördlichen Ausfahrt des Bahnhofes Bullay bereitzuhalten. So wird 001 150 mit dem E 1570 mit ihrer Dampffahne optimal ausgeleuchtet. Der Quer-durchs-Land-Zug fährt von Trier über Koblenz, Gießen, Kassel, Hannover und Hamburg-Altona nach Westerland, wo er hinter einer Altonaer 012 kurz nach 22 Uhr ankommt.

Zu den nicht sesshaften Loks gehört 044 143, die zwischen 1968 und ihrer Ausmusterung Ende 1975 in Hildesheim, Ottbergen, Ehrang, Crailsheim, Kaiserslautern, erneut Ehrang, Rheine und Gelsenkirchen beheimatet war. Im Juli 1971 ist sie morgens um acht Uhr in Bullay mit einem Güterzug nach Koblenz zu sehen. Links am Bahnsteig wartet der Schienenbus nach Traben-Trarbach,

Nur knapp sechs Kilometer bleibt die Moselstrecke auf der rechten Flussseite, ehe sie auf der bekannten Doppelstockbrücke unmittelbar südlich des Bahnhofes Bullay wieder auf die linke Seite wechselt.

Um kurz vor acht Uhr morgens fährt 001 199 mit Nahverkehrszug 2422 von Koblenz nach Trier im Juli 1971 im besten Fotolicht über die Brücke. (oben)

Bei diesem Blickwinkel ist auf der unteren Ebene der Doppelstockbrücke die Straßenfahrbahn erkennbar. Oben fährt 044 250 im Mai 1972 mit einem Güterzug nach Ehrang. (links)

Aufgrund der Sortierung, in der die Dias von Helmut Bittner heute im Archiv der DGEG vorliegen ist nicht erkennbar, in welcher Reihenfolge sie aufgenommen wurden. Daher ist auch nicht sicher, ob die beiden Aufnahmen dieser Seite den selben Zug zeigen. Es ist aber nicht ausgeschlossen, dass im Juli 1971 die 290 (rechts) der oben gezeigten 044 737 mit ihrem Erzzug Schubhilfe leistet.

Auf allen Bildern dieser Doppelseite ist übrigens auf der unteren Ebene kein einziges Auto erkennbar – eine heute nicht denkbare Situation...

Den Bahnhof Pünderich gibt es heute nicht mehr. Der Grund dafür ist, dass er eigentlich nur als Abzweigbahnhof für die Strecke nach Traben-Trarbach Bedeutung hatte und nicht für die Bewohner des auf der anderen Moselseite liegenden Ortes, der nur über einen knapp zwei Kilometer langen Fußmarsch und Nutzung der Fähre erreichbar war. Im Mai 1972 braust 044 119, die Anfang des Jahres aus Kassel nach Ehrang kam und im Juni nach Gelsenkirchen ging, mit einem Erzzug nach Ehrang durch den Bahnhof. Rechts zweigt die Linie nach Traben-Trarbach ab.

Unmittelbar hinter dem Bahnhof Pünderich liegt der 504 Meter lange Reilerhalstunnel, von dem an sich die Bahn für die nächsten etwa 37 Kilometer von der Mosel abwendet und erst bei Schweich wieder annähert. Die dreiteilige Garnitur der Baureihe 634 fährt im Mai 1972 vermutlich als morgendlicher Nahverkehrszug 2435 von Trier nach Koblenz und hält, wie die meisten Züge, nicht in Pünderich. Der Mittelwagen ist wieder ein gemischtklassiger 934.5. (oben)

Auf der anderen Seite des Reilerhalstunnels begegnen sich im Juli 1971 die in Ehrang beheimatete 044 387 mit einem Güterzug nach Koblenz und die Koblenzer 044 121 in umgekehrter Richtung. (rechts)

Östlich von Wengerohr passiert 044 535 mit ihrem Güterzug nach Ehrang im Mai 1972 einen Bahnübergang, der heute durch die 50 Meter weiter östlich liegende Brücke der L 55 abgelöst ist. Das hübsche Schrankenwärterhaus ist verschwunden und die Fotostelle zugewachsen. Der Mercedes W 108 oder 109 würde heute ein H-Kennzeichen tragen und wäre ein begehrter Oldtimer.

In Wengerohr zweigten bis in die 1980er Jahre zwei Strecken von der Hauptstrecke Koblenz – Trier ab: einerseits die Verbindung in die Eifel nach Daun und andererseits die in den an der Mosel gelegenen Weinort Bernkastel-Kues. Beide sind heute stillgelegt und auf den Trassen verläuft der Maare-Mosel-Radweg. Im Juli 1971 wartete Helmut Bittner in Platten auf die Rückleistung des einzigen Lok-bespannten Zugpaares der Strecke an die Mosel. Die Saarbrücker 023 018 hat mit dem 3419 nur noch wenige Kilometer vor sich, ehe sie von Wengerohr aus Lz nach Ehrang fährt. Ähnlich wie in dem bekannten niedersächsischen Bierort Einbeck hat übrigens auch hier der an der Hauptstrecke liegende Bahnhof inzwischen den Namen der einige Kilometer entfernt liegenden größeren Stadt Wittlich übernommen.

Im Mai 1972 dampfte es im Bw Ehrang noch an allen Ecken und Enden und mit den Baureihen 001, 023, 044 und 050 war einige Vielfalt vorhanden. In der hinteren Ecke des Bw können 023 014, 023 102 und 044 653 identifiziert werden, während drei weitere 23er und eine 50 ihre Nummern verschweigen. Links neben der 023 014 ist im Hintergrund zwischen den Verwaltungsgebäuden das Dach des Ringlokschuppens erkennbar, der als einziges der Bauwerke auf dem Bild heute verschwunden ist. Aber auch die Gleise liegen hier nicht mehr.

An der südlichen Drehscheibe des Bw Ehrang standen die Loks fotogerecht im Freien. Auf der Scheibe steht 044 014, bei der es sich um die älteste bei der DB verbliebene Serienlok der Baureihe 44 handelt. Außerdem sind 053 139, 044 663, 001 227, 044 969, 044 953, 051 013 und fünf weitere 44, eine 23, wahrscheinlich die auf der linken Seite gezeigte 023 014, und eine 50 zu erkennen. Unbekannt ist, welche Loks der Ringlokschuppen beherbergte. Die Häuser hinter den Bahnanlagen gehören zu Pfalzel, die im Hintergrund zum auf der anderen Moselseite liegenden Ruwer.

Die Uhr auf dem Stellwerk Esf zeigt 13:16, als die im März 1971 in Ehrang beheimatete Wannentender-Lok 053 061 mit ihrem Güterzug den heimatlichen Rangierbahnhof in Richtung Moselbrücke und Trier Hbf verlässt. Erst in Karthaus lässt sich entscheiden, ob der Zug in Richtung Frankreich oder Saarbrücken weiterfährt. Das Ziel Luxemburg ist zwar von der Streckenführung her möglich, dürfte aber eher unwahrscheinlich sein. Die Lok kam im Februar aus Kaiserslautern und ging bereits Ende Mai nach Koblenz weiter. Das Stellwerksgebäude steht übrigens auch heute noch.

Von Aschaffenburg nach Miltenberg

Um kurz vor halb sieben Uhr morgens erwischt Helmut Bittner im Juni 1971 den Nahverkehrszug 3300 von Miltenberg nach Aschaffenburg mit 064 019 bei Aschaffenburg-Obernau. Zum Aufnahmezeitpunkt teilten sich vier 64er und fünf 65er den Personenzugdienst auf der Strecke Aschaffenburg – Miltenberg. Die 1928 von Henschel gebaute 64 019 gehört heute dem Modell- und Eisenbahn-Club Selb-Rehau und ist in gutem Zustand im dortigen Lokschuppen erhalten.

Die Ulmer 215 073 hat mit E 1908 von Lauda nach Aschaffenburg im August 1971 bei Aschaffenburg-Obernau ihr Ziel fast erreicht. In Miltenberg musste der Zug nach der Mainüberquerung zunächst in den Hauptbahnhof zurücksetzen. (oben)

Im Dezember 1970 wechselten die letzten sieben 65er vom Bw Darmstadt nach Aschaffenburg. Zwei von ihnen schieden schon kurz darauf aus dem Betriebsbestand. 065 014 gehörte mit drei weiteren zu den Loks, die noch das Jahr 1972 im Betrieb erlebten. Hier ist sie im August 1971 morgens um sieben Uhr bei Aschaffenburg-Obernau mit dem Nahverkehrszug 3303 von Aschaffenburg nach Bürgstadt unterwegs. Der Zug fährt übrigens nicht über Miltenberg Hbf, sondern biegt vorher über den Main ab. Der Endbahnhof Bürgstadt liegt auf der westlichen oder rechten Mainseite und zum Ort muss man mit der Fähre übersetzen. (links)

Im Juni 1971 hat 065 008, eine der dreizehn Loks der ersten Bauserie von 1951, bei Sulzbach einen Nahgüterzug nach Miltenberg mit gut zwanzig Wagen am Haken (oben).

Im August 1971 bringt die zur zweiten Bauserie der 65er gehörende 065 014 den Nahverkehrszug 3311 von Aschaffenburg nach Miltenberg. Mittags um halb ein Uhr ist sie bei Kleinheubach unterwegs. Wie bei den Baureihen 23 und 82 unterscheiden sich die Bauserien vor allem durch die Vorwärmerbauart und die unterschiedlichen Führerhäuser. Bei der 23 hatten die jüngeren Serien dann noch Rollenlager an den Stangen, die auch bei den spätgeborenen Baureihen 10 und 66 vorhanden waren. (rechts)

Zum Sommerfahrplan 1971 wurden die Zugnummern auf der Kursbuchstrecke 416d getauscht; vorher waren gerade Nummern bei den ab Aschaffenburg fahrenden Zügen zu finden, nachher ungerade. Daher haben beide auf dieser Seite abgebildeten Züge trotz gegenläufiger Fahrtrichtung ungerade Zugnummern.

Oben fährt 065 013 im März 1971 nachmittags um halb vier Uhr südlich des Haltepunktes Laudenbach am Main mit dem 3319 von Miltenberg nach Aschaffenburg vorbei.

Links ist 065 014 im Juni 1971 mit dem 3315 von Aschaffenburg nach Miltenberg am frühen Nachmittag nördlich von Laudenbach unterwegs.

Ebenfalls nördlich von Laudenbach bespannt 064 247 am frühen Nachmittag im August 1971 den Nahverkehrszug 3317 von Aschaffenburg nach Miltenberg. Über der Lok zwischen den Bäumen der Main, der die im November 1876 eröffnete Strecke auf dem gesamten Verlauf eng begleitet.

In Miltenberg Hbf wartet die Nürnberger 050 899 im Dezember 1971 mit einem Güterzug mit Lademaßüberschreitung auf die Weiterfahrt. Aus dem Güterzugbegleitwagen der Bauart Pwghs 54 schauen zwei dienstliche Fahrgäste hinaus.

Im verträumten Miltenberger Lokschuppen ist nur noch ein Stand mit einem Gleis versehen, als 065 018 im September 1972 dort pausiert. Ende 1972 wird auch diese letzte 65er nach nur etwas mehr als sechszehneinhalb Jahren ihren Dienst quittieren. Der Vater des Deutschen Dampflokmuseums, Günter Knauß, rettet 65 018 vor der Verschrottung. Die niederländische SSN übernimmt die Lok später und arbeitet sie betriebsfähig auf. Im Bw-Gelände residiert heute eine Autoverwertung, die auch den Lokschuppen nutzt. (oben)

Im August 1972 wartet 064 247 mit dem 3316 im Kopfbahnhof Miltenberg Hbf auf die Abfahrt nach Aschaffenburg . Im Sommer 1977 endet hier der Personenverkehr und wird zum ehemaligen Bahnhof Miltenberg Nord verlegt. Somit entfallen auch die lästigen Sägefahrten für Züge, die von Lauda oder Wertheim nach Aschaffenburg fahren. (links)

065 013 wartet mit Nahverkehrszug 3319 an einem Märznachmittag 1971 in Miltenberg Hbf auf die Abfahrt. Knapp ein Jahr später beendet sie ihren Dienst. (oben)

Der Turm des Mainzer Tores überragt alle Gebäude des Miltenberger Hauptbahnhofes. Im März 1972 herrscht windiges Schmuddelwetter und die Dampffahne der mit dem 3314 nach Aschaffenburg abfahrenden 065 008 weht dem Zug voran. Das zweite bayerische Hauptsignal zeigt für den Schienenbus 3383 nach Wertheim freie Fahrt. Zwischen den beiden linken Signalen das noch heute existierende Empfangsgebäude. Das Gleisfeld wird wie heute üblich von Supermarkt und Parkplatz belegt. Die Entfernung zur Altstadt hat sich übrigens durch die Verlegung des Bahnhofes auf die andere Mainseite nicht verändert. (links)

In den Jahren 1928/29 wurden insgesamt 224 Loks der Baureihe 64 an die Reichsbahn geliefert, was gut 40 Prozent der Gesamtzahl der bis dahin gebauten 545 Einheitsloks entsprach. Auch 064 106 gehört mit ihrem Baujahr 1928 zu diesen Loks. Im März 1972 kommt sie mit dem Nahverkehrszug 3310 von Miltenberg Nord gerade über die Mainbrücke und wird gleich in den Hauptbahnhof zurücksetzen, um ihre Fahrt nach Aschaffenburg fortzusetzen. Knapp ein Jahr später beendet die Lok im 45. Dienstjahr ihre Laufbahn. (oben)

An einem trüben Märztag 1972 verlässt die Nürnberger 050 964 mit einem Güterzug Miltenberg Hbf entweder in Richtung Aschaffenburg oder Amorbach. (rechts)

Von Bamberg nach Hof

Die zum Aufnahmezeitpunkt im Mai 1973 beiden ältesten DB-01, 001 008 und 001 088, haben sich nachmittags um kurz nach halb fünf Uhr in Bamberg an den aus Würzburg eingefahrenen E 1649 von Ludwigshafen nach Hof gesetzt. Sechs Minuten nach der Ankunft soll der Zug weiterfahren und ungefähr eine Stunde später die Schiefe Ebene erklimmen, auf der in wenigen Tagen zum Fahrplanwechsel der Einsatz der Baureihe 01 enden wird.

Durch die Lage des Bahnhofes Hof Hbf in Südost-Nordwestrichtung ist im Mai 1973 der aus Bamberg angekommene E 1649 mit 001 008 und 001 088 um kurz vor neunzehn Uhr optimal von der Abendsonne beleuchtet. 01 008 war mit dem Abnahmedatum 28. Januar 1926 übrigens die erste 01, die von der Reichsbahn in Dienst gestellt wurde; nur 02 004 bis 008 waren etwas früher dran. Da 01 008 im Dezember 1973 auch zu den letzten ausgemusterten Loks der DB gehört, hat sie mit fast 48 Dienstjahren auch die bei weitem längste Einsatzzeit der DB-01 zu verbuchen. Die nächst folgende 01 234, die ehemalige 02 003, erreichte 46 Jahre und dann folgt 01 088 mit 42 Jahren und sieben Monaten.

An einem kalten Märzmorgen 1972 qualmt 001 187 mit dem Nahverkehrszug 2808 von Hof nach Lichtenfels bei Burgkunstadt ihrem Ziel entgegen. (oben)

Im Streiflicht der Morgensonne kommt die Dampffahne der 044 575 wunderbar zur Geltung. Im März 1972 ist sie östlich von Burgkunstadt mit einem Güterzug nach Lichtenfels unterwegs. Im Hintergrund der Main. (links)

Im März 1971 hat 001 111 mit dem E 1648 von Hof nach Kaiserslautern bei Kulmbach gut die Hälfte der Strecke bis Bamberg zurückgelegt. Dort übernimmt eine 220 die Weiterfahrt. (rechts oben)

Die Silberlinge des E 1622 von Hof über Frankfurt nach Dortmund machen ihrem Namen im März 1972 bei Mainleus alle Ehre und die Dampffahne der 001 103 rahmt in der kalten Luft früh um acht Uhr das Geschehen spektakulär ein. (rechts)

Drei 01-Vorbeifahrten mit Bilderbuch-Dampffahne im goldenen Oktober 1972 bei Kulmbach.

Oben hat 001 168 den morgendlichen E 1648 von Hof nach Mannheim am Haken, bei dem der gemischtklassige erste Wagen in der neuen Pop-Lackierung das hellrote Fensterband der 1. Klasse trägt.

Gut eine Stunde früher ist bei Kauerndorf östlich von Kulmbach 001 173 mit E 1791, der um kurz nach sechs Uhr in Würzburg gestartet ist, nach Hof unterwegs. Im Schürzen-Postwagen wird während der Fahrt die Post sortiert. (rechts oben)

Und die Neubaukessel-Lok 001 180 hat den Nahverkehrszug 2814 von Hof nach Bamberg am Haken. (rechts)

An der selben Stelle wie auf der Vorseite erwartet Helmut Bittner im Mai 1973 kurz vor dem Ende des 01-Einsatzes die 001 150 mit dem Nahverkehrszug 2814 von Hof nach Bamberg. (oben)

Eine Nürnberger 624-Einheit fährt bei Kauerndorf im Mai 1973 als Nahverkehrszug 2082 von Bayreuth nach Lichtenfels. Ab Sommer 1973 werden die neuen 614 nach Nürnberg geliefert und im Mai 1974 wandern die 624 nach Osnabrück und Braunschweig ab. (links)

Im Oktober 1972 bringt die Hofer 052 817 den Ng 16825 von Lichtenfels nach Hof und dampft östlich von Kulmbach durch die herbstliche Landschaft. (oben)

Die Weidener 044 412 ist im Mai 1973 bei Trebgast mit dem Ng 16636 von Bayreuth in Richtung Neuenmarkt-Wirsberg unterwegs. Im Zug eingereiht sind zwei ehemalige Donnerbüchsen und zwei G10-Güterwagen, die in grüner Lackierung als Bauzugwagen aufgebraucht werden. (rechts)

Zwischen Hof und Bamberg wurden die Züge E 852 von Hof nach Nürnberg und E 658 „Frankenland“ von Hof über Würzburg, wo er zum D 658 wurde, nach Saarbrücken vereinigt gefahren. Allerdings waren verspätete Kurswagen, die mit D 449 aus Görlitz kamen, oft der Grund, dass die Züge doch getrennt fuhren. Die Vorspannleistung von 001 180 vor 001 131 ist im Mai ein Beleg für die pünktliche Kurswagenübergabe. Am frühen Nachmittag hat das Gespann im Mai 1973 Neuenmarkt-Wirsberg erreicht. Die beiden Loks sind zu diesem Zeitpunkt die beiden letzten 01 mit Neubaukessel, die in Dienst stehen.

Im März 1971 nimmt 001 131 mit dem Nahverkehrszug 2819 von Lichtenfels nach Hof bei der Ausfahrt in Neuenmarkt-Wirsberg Anlauf zur Bewältigung der Schiefen Ebene. Die Zuglast ist aber in diesem Fall für die 01 auf der knapp sieben Kilometer langen 1:40 geneigten Rampe leicht zu bewältigen. Der Neubaukessel dieser Lok ist übrigens derjenige, der mit fast genau 15 Einsatzjahren am längsten im Einsatz war. Er war im Juni 1958 auf 01 122 als einer der ersten umgebauten Loks in Betrieb gegangen und nach deren unfallbedingter Ausmusterung 1965 auf 01 131 gekommen, die damit die letzte umgebaute Lok wurde.

Im April 1972 hat 001 131 mit dem D 853 von Nürnberg nach Hof den Bahnhof Neuenmarkt-Wirsberg soeben verlassen und erklimmt mit mächtiger Dampfwolke die ersten Steigungsmeter. Den vier DB-Schnellzugwagen folgt eine ebensolche Anzahl DR-Wagen, die früh um acht Uhr mit D 759 in Stuttgart gestartet waren und in Hof gemeinsam mit den Wagen des D 498 aus München nach Görlitz weiterfahren werden. Die Diesellok, die den Zug über die Schiefe Ebene nachschiebt, wird von der Dampfwolke verhüllt. (oben)

In Neuenmarkt-Wirsberg macht sich im März 1973 die Weidener 044 247 mit Dg 6883 in Richtung Bayreuth auf den Weg, während die Hofer 051 889 mt Ng 16825 nach Hof noch wartet. Rechts der Lokschuppen, in dem sich heute das Deutsche Dampflokmuseum befindet. (links)

Beim Kilometer 76,9 überquert die B 303 die Schiefe Ebene etwa auf einem Drittel des Weges von Neuenmarkt-Wirsberg nach Marktschorgast. Hier erwartet Helmut Bittner zweimal den Ng 16825 nach Hof. Im Oktober 1972 ist der Zug mit 052 817 bespannt (links), im März 1973 mit 051 889 (rechts). So wie einige Leistungen mit Nahverkehrszügen, wurde auch der Ng 16825 nach dem Ende des Einsatzes der 01 auf der Strecke über die Schiefe Ebene Anfang Juni 1973 weiterhin von Hofer 50ern von Lichtenfels nach Hof gefahren.

Eine der bekanntesten Fotostellen auf der Schiefen Ebene ist der Felseinschnitt zwischen Kilometer 79,5 und 79,8. Im März 1971 ist 001 200 mit dem D 852 von Hof nach Nürnberg hier auf Talfahrt. Anders als zwei Jahre später fuhr der Zug damals eine viertel Stunde nach dem E 658 in Hof ab, erreichte aber Bamberg mit zwei Halten weniger bereits fünf Minuten nach dem vorausfahrenden Zug. Kurswagen aus Görlitz führten aber auch zu dieser Zeit manchmal zu Verspätung.

Die Brücke der Bernecker Straße ermöglicht einen guten Panoramablick auf den Bahnhof Markschorgast. Im April 1972 rauscht 001 180 morgens um viertel nach neun Uhr mit dem E 1648 von Hof nach Kaiserslautern durch den Bahnhof. Der Zug fährt jeweils mit Richtungswechsel über Bamberg, Würzburg und Mannheim. In Würzburg werden Kurswagen an D 586 nach Bremerhaven und D 626 nach Dortmund überstellt. Wer während der Fahrt in einen in Heidelberg zugestellten Wagen wechselt, kann vom Zielbahnhof ohne Umsteigen mit D 256, der aus Frankfurt kommt, nach Paris Est weiterfahren. Welch eine Verbindung – morgens um halb neun in Hof abfahren und abends um zehn schon an der Seine. Im Jahr 2021 geht das tatsächlich deutlich schneller, erfordert aber zweimaliges Umsteigen.

Gegenüber dem Bild auf der Vorseite ist im März 1972 der dritte Wagen umgekehrt gereiht und viel entscheidender ist, dass die 01 durch 217 022 vertreten wird. In diesem Fall hätten viele Fotofreunde genervt den Fotoapparat gesenkt. Helmut Bittner drückte ab und bescherte uns so das Bild einer der nur zwölf Serienloks der Baureihe 217, die sich mit ihrer Variante der E-Heizung durch einen Zusatzdiesel nicht gegen die 218 durchsetzen konnte, bei der der Heizgenerator vom stärkeren Hauptdiesel angetrieben wird. (oben)

Die Nürnberger 212 360 erklimmt im Mai 1973 mit dem E 1655 von Stuttgart über Nürnberg und Bayreuth nach Hof die letzten Steigungsmeter vor Marktschorgast. Für den Lok- und Richtungswechsel in Neuenmarkt-Wirsberg wurden planmäßig übrigens sechs Minuten veranschlagt. (links)

Im März 1971 gab es mit 001 008 noch ein Exemplar der Vorserienloks der Baureihe 01 und mit 001 234 eine Umbaulok aus der Baureihe 02. Hier hat 001 008 mit D 853 von Nürnberg nach Hof soeben den Bahnhof Marktschorgast passiert und befindet sich jetzt auf dem bis Stammbach seit 1970 wegen „mangelndem Verkehrsbedürfnis" eingleisig zurückgebauten Abschnitt. Während die ehemalige 02 003 im Frühsommer 1972 ausschied, wurde 01 008 durch die DGEG erhalten und befindet sich seit Ende 1973 im Museum in Bochum-Dahlhausen.

Östlich von Marktschorgast beschreibt die Strecke nach Hof eine S-Kurve, an deren Ausgang sich 001 173 im Oktober 1972 mit E 1791 von Würzburg nach Hof weitere Steigungsmeter hinaufarbeitet. Im Rücken des Fotografen verläuft die Autobahn 9 von München nach Berlin.

Helmut Bittner fährt im Juli 1972 im E 1791 mit und passt in der S-Kurve nördlich von Stammbach die Begegnung mit dem E 1648 ab, der von 001 202 geführt wird, bei der nicht nur die Frontschürze sondern nach Art der Baureihe 44 auch das Abdeckblech unter der Rauchkammer entfernt ist. Gegenüber den Aufnahmen der vorhergehenden Seiten ist die Wagenreihung im E 1648 verändert und im E 1791 läuft an erster Stelle ein Neubau-Postwagen. Als Zuglok fungiert vermutlich 001 173.

Im März 1973 kehrt in Oberfranken noch mal der Winter ein und Helmut Bittner nutzt die letzte Gelegenheit für Aufnahmen der 01 im Schnee. Bei Stammbach hat 001 111 den D 853 von Nürnberg nach Hof am Haken.

Ebenfalls bei Stammbach legt sich 053 010 mit dem Nahverkehrszug 2828 von Hof nach Neuenmarkt-Wirsberg in die Kurve. Die Schneepflugtafel „Pflugschar heben" hat bei diesen Schneehöhen aber keine Bedeutung.

Östlich von Münchberg rauscht 001 168 mit D 854 von Hof nach Würzburg im März 1973 bei Poppenreuth am Fotografen vorbei. (oben)

Die pünktliche Übergabe der Görlitzer Kurswagen ermöglicht im März 1973 die gemeinsame Führung von E 852 und E 658 von Hof bis Bamberg. 001 131 mit Neubaukessel und 001 088 mit Altbaukessel teilen sich bei Schödlas die Zugförderung. Der vordere E 852 fährt ab Bamberg mit E-Lok nach Nürnberg, der hintere E 658 mit Diesellok über Schweinfurt und Würzburg nach Saarbrücken. (links)

Früh um halb sechs Uhr startet der E 1863 in Tübingen und erreicht über Stuttgart, Heilbronn und Würzburg um viertel nach elf Uhr Bamberg, wo ihn im März 1973 die Hofer 001 111 übernimmt und zwei Stunden später das Ziel Hof erreicht. Bei Poppenreuth sind noch 28 Kilometer zurückzulegen. (oben)

Auch eine Mitfahrt im E 852 mit E 658 hat sich Helmut Bittner im März 1973 gegönnt und passt bei Schödlas die Begegnung mit 052 339 mit dem Nahverkehrszug 2819 von Lichtenfels nach Hof ab. Die Nummern der beiden 01 sind nicht überliefert. (rechts)

Auch in Münchberg finden sich im März 1973 noch letzte Schneereste. 001 131 verlässt den Bahnhof mit dem D 853 von Nürnberg nach Hof. Hinter den beiden DB-Wagen sind vier DR-Wagen für die Weiterfahrt mit D 498 nach Görlitz eingereiht. Der VT 95 wird mit seinem Beiwagen gleich an den Hausbahnsteig vorrücken um mit einer guten halben Stunde Fahrzeit die 20 Kilometer lange Strecke nach Selbitz zu bedienen.

Der Nahverkehrszug 2850 von Hof nach Lichtenfels besteht aus einem vierachsigen Umbauwagen und aus einem dreiachsigen Pärchen sowie am Schluss einem Neubau-Postwagen. Da die Gepäckbeförderung fehlt, ist die Aufnahme vom Juli 1972 an einem Samstag entstanden. Die Rauchkammer der 001 227 glänzt im Bahnhof Münchberg in der Abendsonne. Der VT 95, der links auf dem Abstellgleis wartet, wird gut eine Stunde später zur letzten Fahrt des Tages nach Selbitz aufbrechen, da dieser Zug an Samstagen nicht von Hof durchgebunden ist. Ein Beiwagen wird bei dieser Fahrt nicht dabei sein, da samstags keine Gepäckbeförderung stattfindet.

Noch einmal westlich von Münchberg bei Schödlas bespannt 001 150 den aus acht Wagen bestehenden E 1648 von Hof nach Mannheim. Im Mai 1973 steht das Ende des 01-Einsatzes auf der Strecke nach Bamberg zum Fahrplanwechsel kurz bevor.

Die Vegetation hält sich im Mai 1973 bei Poppenreuth westlich von Münchberg noch zurück, als 001 173 mit dem D 854 von Hof nach Würzburg vorbeikommt. (oben)

Bei Fattigau südlich von Oberkotzau haben sich die Bahnlinien nach Bamberg und Weiden voneinander entfernt und verlaufen bis zu den Stationen Schwarzenbach und Martinlamitz in etwa einem Kilometer Abstand zueinander südwärts. Im Mai 1973 ist die Weidener 044 276 mit Dg 8087 hier auf dem Weg nach Weiden. (rechts)

„Heute ist Schluß" verkündet die Tenderaufschrift von 001 131 am 2. Juni 1973. Um 6:40 Uhr ist sie in Hof mit E 1622 nach Dortmund gestartet und hat etwa zehn Minuten später Oberkotzau verlassen. Rechts im Hintergrund ist zwischen den Bäumen die Strecke nach Weiden erkennbar, die fast zwei Kilometer unmittelbar neben der Bamberger Strecke verläuft aber schon beträchtlich an Höhe gewinnt. 001 131 ist zu diesem Zeitpunkt übrigens die einzige noch betriebsfähige Lok mit Neubaukessel, nachdem 001 180 zwei Tage zuvor abgestellt werden musste. (oben)

Im Mai 1973 hat 052 184 mit dem Nahverkehrszug 3228 von Regensburg gegen sechs Uhr nachmittags bei Fattigau ihr Ziel Hof fast erreicht. Der Zug hat soeben die Brücke über die Lamitz passiert. Planmäßig wäre hier eine 01 am Zug gewesen. (links)

Vermutlich am 1. Juni 1973 entstand früh um viertel nach sieben Uhr bei Fattigau diese Aufnahme mit 001 111 vor dem Nahverkehrszug 2814 von Hof nach Bamberg. In den folgenden knapp fünfzig Jahren hat sich um den Tümpel in Bildmitte ein kleiner Wald entwickelt. Nur die vier 001 008, 111, 150 und 173 werden im Sommerfahrplan noch für eine Planleistung nach Regensburg eingesetzt werden. (oben)

Bei der 50 ist es für den Fahrplan egal, ob sie vorwärts oder rückwärts unterwegs ist. Kurz vor der oben gezeigten Aufnahme und etwa zehn Minuten Fußweg entfernt hat 050 915 mit dem Nahverkehrszug 3252 von Wiesau nach Hof den letzten Halt in Oberkotzau fast erreicht. Rechts unten kommt die Strecke von Bamberg heran. Der Fotostandort von Helmut Bittner wird übrigens fünfunddreißig Jahre später Bestandteil des Jean-Paul Wanderweges, der an den oberfränkischen Dichter erinnert. (rechts)

Die gemeinsame Führung der Züge E 852 und E 658 ist bereits mehrfach erwähnt worden. Im Juli 1972 erwischt Helmut Bittner in der Mittagssonne in Hof die Kombination von Lok mit Neu- und Altbaukessel in Form der 001 103 und 001 173 mit E 852 nach Nürnberg und E 658 „Frankenland“ nach Saarbrücken.

Ob Helmut Bittner bei dieser Aufnahme als Frühaufsteher oder Spätinsbettgeher aktiv war, lässt sich nicht mehr klären. Auf jeden Fall dürfte der E 1538 von Hof nach Bayreuth die am seltensten fotografierte 01-Leistung des Bw Hof gewesen sein. Im Mai 1973 wartet 001 008 in Hof auf die Abfahrt um 2:40 Uhr. Nach Zwischenhalten in Schwarzenbach und Münchberg erreicht der Zug um 3:33 Uhr Neuenmarkt-Wirsberg und um 4:00 Uhr ist er am Ziel in Bayreuth. Die 01 wird mit Nahverkehrszug 2801 um 5:25 Uhr in Neuenmarkt-Wirsberg den Rückweg antreten und nach einstündiger Pause in Münchberg mit dem 2803 um 7:35 Uhr wieder in der Heimat sein. In knapp fünf Stunden wird die Lok 106 Kilometer zurückgelegt haben.

Im Mai 1973 waren viele Eisenbahnfreunde in Oberfranken, um die 01 zu verabschieden. Nur wenige werden ein Auge für die Vertreterinnen der beiden V 200-Bauarten gehabt haben, die im Bw Hof auf den nächsten Einsatz warteten. Die in Kempten beheimatete 221 142 ist vermutlich als Leihlok in Villingen, von wo aus 1973 Leistungen bis nach Hof gefahren wurden, hierher gekommen. Die Würzburger 220 051 lässt im Vergleich die flachere Neigung der Rundung bei der älteren Bauart erkennen.

Rund um Nürnberg

Anfang der 1970er Jahre gehörten noch bis zu fünfzehn 86er zum Bw Nürnberg Rbf, mit denen drei Nebenbahnen in der Region bedient wurden. Eine davon führte von Neumarkt (Oberpfalz) nach Beilngries, von wo aus es bis 1966 im Personenverkehr und 1967 im Güterverkehr bis Dietfurt weiterging. Bereits 1955 war der Personenverkehr bis Kipfenberg auf der anderen von hier abzweigenden Strecke nach Eichstätt eingestellt worden; der Güterverkehr folgte hier 1960. Im August 1971 war 086 745 um 14:22 Uhr mit dem Nahverkehrszug 2511 aus Neumarkt in Beilngries angekommen, hat umgesetzt und wartet jetzt bis 17:36 Uhr, um mit dem 2516 über die 27 Kilometer lange Strecke an den Ausgangspunkt zurückzukehren. Die Strecke wurde im Personenverkehr 1987 und zwei Jahre später im Güterverkehr stillgelegt, weil der Bahnhof Beilngries dem Bau des Main-Donau-Kanals im Weg war. Ein Reststück der Strecke wird heute noch von Neumarkt aus als Anschlussgleis für die Firma Max Bögl betrieben.

Im April 1972 besucht Helmut Bittner die Strecke erneut und erwischt 086 201 zweimal mit dem Nahverkehrszug 2504, der Beilngries früh um 6:18 Uhr verlässt und nach 53 Minuten Fahrzeit in Neumarkt ankommt. Die Aufnahmen links oben und auf dieser Seite oben entstanden bei Berching.

Fast auf der gesamten Strecke bis kurz vor Neumarkt begleitet der 1836 bis 1846 erbaute Ludwig-Donau-Main-Kanal die Strecke und so ergibt sich auch bei dem Gegenzug 2505, der um 6:01 Uhr in Neumarkt gestartet ist, bei Mühlhausen an der Sulz das Motiv der 086 521 mit Zug und Kanal. Auf dem recht schmalen Kanal wurde der Betrieb 1950 aufgelassen und als Ersatz wurde das monströse Projekt des zwischen 1960 und 1992 erbauten Main-Donau-Kanals realisiert, der nicht nur durch einen folgenschweren Dammbruch 1979 negative Schlagzeilen machte. (links)

Das zweite Betätigungsfeld für die Nürnberger 86er war die 1902 eröffnete knapp 15 Kilometer lange Strecke von Burgthann nach Allersberg. Im dortigen Endbahnhof, dessen Empfangsgebäude auch heute noch existiert, wartet 086 160 im April 1972 mit dem Nahverkehrszug 3508 auf die Abfahrt um 10:17 Uhr. Das Ziel Burgthann wird 24 Minuten später erreicht sein. Anschlussreisende nach Nürnberg können fünf Minuten später weiterfahren. Übrigens hat Allersberg nach 33 Jahren eisenbahnfreier Zeit seit 2006 wieder einen Bahnhof, der aber an der Schnellfahrstrecke Nürnberg – Ingolstadt liegt.

Der Zustand der Brücke über die B 8 bei Oberferrieden war für die DB willkommener Anlass, die Strecke zum Sommerfahrplan 1973 stillzulegen. Im April 1972 poltert 086 587 mit dem Nahverkehrszug 15456 von Allersberg über das Bauwerk. Der Nachmittagszug fährt über Burgthann hinaus bis Feucht und von dort unter der Nummer 4564 bis Nürnberg Hbf. Übrigens wurde die Nebenbahn seinerzeit im Kursbuch gemeinsam mit dem Gesamtverkehr Nürnberg – Feucht unter der Streckennummer 422h mit dem Vermerk „(Elektrischer Betrieb)“ geführt. Ab Sommerfahrplan 1972 wechselte die Streckennummer auf 897.

Das gut 30 Kilometer südöstlich von Nürnberg gelegene Burgthann ist auch Station an der Strecke nach Regensburg. Der TEE 86 „Prinz Eugen“ von Wien nach Bremen mit 103 175 fährt hier aber im April 1972 natürlich ohne Halt durch. Die 103 ist mit dem Scherenstromabnehmer DBS 54 mit Standardwippe ausgerüstet, nachdem die bei Lieferung montierten sogenannten Wanisch-Wippen zu zahlreichen Oberleitungsschäden geführt hatten. Die Einholmstromabnehmer wurden erst ab 103 216 bei der Ablieferung montiert und die Loks 103 101 bis 103 215 später nachgerüstet..

Bei den sechs in Nürnberg stationierten Triebwagen der Baureihe 432 gab es aufgrund der Herkunft aus der Baureihe ET 31 drei verschiedene Bauarten in jeweils zwei Exemplaren. Beim Umbau wurden je zwei Wagenteile vom dreiteiligen ET 31, bei dem jedes Wagenteil motorisiert war, um einen umgebauten ES 25 ergänzt. Der abgebildete Zug hat in der Mitte den umgebauten ES 25 und ist daher einer der beiden 432 201 oder 432 202. Im April 1972 ist er als Nahverkehrszug 4560 von Regensburg nach Nürnberg um kurz vor drei Uhr nachmittags gerade in Ochenbruck abgefahren.

Im April 1972 besuchte Helmut Bittner auch das dritte Einsatzgebiet der Nürnberger 86er, die knapp 18 Kilometer lange Strecke Siegelsdorf – Markt Erlbach, deren erster Abschnitt 1872 als erste Vizinalbahn in Bayern eröffnet wurde. Der zweite Abschnitt folgte 1892 und das letzte Drittel schließlich 1902. Die Züge waren bis Fürth oder Nürnberg durchgebunden. Dies ist übrigens auch heute noch so.

Oben ist 086 400 mit dem Nahverkehrszug 3405 bei Raindorf unterwegs. Der Zug war in Markt Erlbach um 5:59 Uhr gestartet und erreicht gut eine Stunde später Nürnberg Hbf.

086 841 ist links mit dem Nahverkehrszug 3407 in Markt Erlbach um 6:12 Uhr abgefahren und hat eine halbe Stunde später Siegelsdorf fast erreicht. Dort fädelt der Zug auf die Hauptstrecke von Würzburg ein. Wegen eines vierzehnminütigen Haltes in Fürth benötigt er bis Nürnberg entsprechend länger als der frühere Zug.

Die von Nürnberg ostwärts nach Neukirchen bei Sulzbach-Rosenberg und von dort nach Schwandorf und Weiden führende Strecke wurde von der Bayerischen Ostbahn gebaut. Bestandteil ist zwischen Hartmannshof und Etzelwang eine beträchtliche Steigung, auf der noch bis Mitte der 1970er Jahre Schiebebetrieb mit Dampfloks herrschte. Im Oktober 1973 hilft die Schwandorfer 050 270 bei Hartmannshof einem Güterzug über den Berg. (oben)

Der Frühaufsteher Helmut Bittner ist im Mai 1973 um kurz nach fünf Uhr morgens in Nürnberg auf den Beinen. 103 163 ist dem D 281 „Alpen-Express“ vorgespannt, der um 16:00 Uhr am Vortag København verlassen hat. Von Rødby bis Puttgarden wird die Fähre benutzt und nach dem Richtungswechsel in Nürnberg geht die Fahrt über München und den Brenner nach Roma, wo der Zug um 21:15 nach gut 29 Stunden Fahrzeit ankommt. (rechts)

Oberpfalz

Auch die Weidener 64er verloren zum Fahrplanwechsel Anfang Juni 1973 ihre letzten Personenzugleistungen. Auf der 56 Kilometer langen Strecke Weiden – Eslarn ging es um ein durchgehendes Zugpaar und eines zwischen Weiden und Vohenstrauß. 064 097 ist hier Anfang Juni 1973 mit dem Nahverkehrszug 3824 aus Eslarn nachmittags um halb sechs Uhr in Weiden angekommen. Trotz ihres ansehnlichen Zustandes wird die Lok am 5. Juni z-gestellt. (oben)

Der Nahverkehrszug 3228 von Regensburg nach Hof wurde auch im Sommerfahrplan 1973 noch von Hofer 01 gefahren. Im Juni 1973 hat 001 111 in Weiden von 15:59 bis 16:29 Uhr Aufenthalt. Der Zug erreicht als einziger über die Gesamtstrecke führender Nahverkehrszug eine Reisegeschwindigkeit von 37,4 km/h und geht wegen überholender Züge über drei Kursbuchspalten. Die Eil- und D-Züge waren etwa doppelt so schnell. (rechts)

In Weiden steht im Mai 1973 die in Kirchenlaibach stationierte 052 602 mit einem Güterzug zur Abfahrt bereit. Rechts neben der Lok qualmt es auch im Lokschuppen des Bw Weiden und hinter dem ersten Wagen residiert die zugehörige Verwaltung. (rechts)

Den eingangs dieses Kapitels gezeigten Nahverkehrszug 3824, der in Eslarn um 15:41 Uhr startete, nahm Helmut Bittner auch in Pleystein (oben) und in Grafenreuth (rechts oben) auf. Die in Neustadt an der Waldnaab nördlich von Weiden abzweigende Strecke nach Eslarn wurde zwischen 1886 und 1908 eröffnet und war mit knapp 50 Kilometern Länge die längste Lokalbahn in der Oberpfalz. In Neustadt war der zugehörige Bahnsteig übrigens auf dem Bahnhofsvorplatz angeordnet. Heute verläuft auf der zwischen 1975 und 1995 stillgelegten Strecke natürlich ein Radweg und der 750 Meter lange Abschnitt vom Abzweig in Neustadt bis zum ehemaligen Haltepunkt St. Felix wird heute von RE-Zügen aus Nürnberg bedient, während der alte Bahnhof Neustadt aufgelassen wurde.

Im Februar 1973 wartet 064 295 in Eslarn mit dem nur aus zwei Umbau-Dreiachsern bestehenden Nahverkehrszug 3824 auf die Abfahrt. (rechts)

Im Bahnhof Waidhaus ist 064 415 im Juni 1973 mit Ng 16185 angekommen. Im Sommer 1973 verblieb das Ng-Zugpaar als letzte Leistung der Weidener 64 und am 1. Oktober 1974 wird 064 415 als letzte 64 in Weiden z-gestellt. (rechts unten)

Auf dem Weg von der Oberpfalz zur Region des nächsten Kapitels nach Nordbaden und Nordwürttemberg führt uns der Weg zunächst durch das oberfränkische Kirchenlaibach, wo im März 1973 die oberpfälzer 064 097 mit dem frühmorgendlichen Zug 4072 um viertel nach sechs Uhr auf die nur einundzwanzig Minuten dauernde Fahrt nach Bayreuth wartet.

Der weitere Weg führt uns ins neue Zielgebiet mit dem E 1648, den wir zwischen Hof und Bamberg mit der Baureihe 001 erleben konnten, weiter nach Würzburg; dort hat den Zug nach Fahrtrichtungswechsel die Würzburger 220 057 übernommen. In Lauda haben wir einen Zielort des nächsten Kapitels erreicht, während der Zug über Heidelberg und Mannheim zu seinem Endbahnhof Kaiserslautern weiterfährt, wo er nach gut sieben Stunden Fahrzeit um kurz vor vier Uhr nachmittags ankommt.

Die Aufnahme oben zeigt den Zug im Juni 1971 am Abzweig in Würzburg-Heidingsfeld, wo das linke Gleispaar in Richtung Lauda, das rechte nach Ansbach führt.

In der Gegenrichtung ist 220 061 im September 1972 mit E 1645 von Heidelberg über Lauda, wo der Zug zum Nahverkehrszug herabgestuft wird, nach Würzburg unterwegs. Im Hintergrund der Ort Gerlachsheim. (rechts)

Nordbaden und Nordwürttemberg

Das ehemalige Großherzogtum Baden schmiegte sich langgestreckt von Norden, Westen und Süden an das Königreich Württemberg und hatte in seinem Nordzipfel eine Grenze zur bayerischen Region Unterfranken. In Lauda waren daher in früheren Zeiten sowohl badische als auch bayerische und württembergische Loks zu sehen. Anfang der 1970er Jahre dominierten Einheits- und Neubauloks aus den ehemals württembergischen Bw Crailsheim, Heilbronn und Ulm den dortigen Dampfbetrieb Für die Ulmer 03 war allerdings der Sommerfahrplan 1971 der letzte, in dem Lauda noch angefahren wurde. Im Mai 1971 frischt 003 276 im Bw Lauda aus dem alten badischen Wasserkran die Vorräte auf.

Nachdem die 03 in den verrauchten dreigleisigen Rechteckschuppen zurückgesetzt hat, zeigt sich die Heilbronner 064 457, die als eine der wenigen ihrer Baureihe mit Indusi ausgerüstet ist, in der Vormittagssonne. Dahinter steht 050 856 im Schuppen. In Lauda entstand bereits 1866 eine Betriebswerkstätte der badischen Staatsbahn, deren etwa 100 Meter langer Rechtecklokschuppen genau gegenüber dem Bahnhofsgebäude bis heute existiert, obwohl dort schon lange keine Gleise mehr hindurchführen. Die Drehscheibe des Bw Lauda befand sich übrigens etwa 500 Meter südlich des Aufnahmestandortes völlig losgelöst von den sonstigen Bw-Anlagen und ist deshalb kaum je fotografiert worden.

Der E 1879 aus Stuttgart fuhr bis Backnang mit E-Lok und wurde dort im Mai 1971 von der 003 281 für den weiteren Weg über Crailsheim nach Lauda übernommen. Um kurz nach halb zehn Uhr abends ist der Zug aus einem Vorkriegs-Eilzugwagen und vierachsigen Umbauwagen am Ziel angekommen.

Wieder mal ist Helmut Bittner früh auf den Beinen, denn der E 1870 verlässt Lauda bereits um 6:08 Uhr. Im Mai 1971 ist die Crailsheimer 023 061 der Ulmer 003 276 vorgespannt. Die 23 wird vermutlich nur bis Crailsheim fahren, während die 03 erst in Backnang den Zug während eines sechsminütigen Haltes an eine E-Lok für die seit 1965 elektrifizierte 31 Kilometer lange Reststrecke bis Stuttgart übergeben wird. Mit einer Reisegeschwindigkeit von ziemlich genau 60 km/h wird der Zug nach drei Stunden in Stuttgart ankommen.

Der auf der Vorseite zu sehende morgendliche Zug fährt sonntags als Nahverkehrszug 1872 um 6:05 Uhr in Lauda ab. Statt sechs Zwischenhalte hat er auf dem 69 Kilometer langen Abschnitt bis Crailsheim bei nur drei Minuten längerer Fahrzeit dreizehn Halte zu bedienen, was aber bei einer Reisegeschwindigkeit von 52 km/h zu schaffen ist. Im Mai 1971 hat sich 003 281 bereits eine viertel Stunde vor Abfahrtszeit an den Zug gesetzt. So kann Helmut Bittner eine Aufnahme in Lauda machen und sich anschließend an die Strecke begeben, wo er den Zug eine halbe Stunde später im schönsten Morgenlicht zunächst bei Igersheim (rechts oben) und wenige Minuten später bei Markelsheim aufnimmt (rechts).

Der auf den Vorseiten gezeigte Zug ist bei Oberstetten, wo der 1902 eingerichtete Haltepunkt nicht mehr bedient wird, seit einer guten halben Stunde unterwegs. Ab Crailsheim wird der Zug zum E 1872 und seinen Weg bis Stuttgart mit identischen Fahrtzeiten wie der werktägliche E 1870 zurücklegen. Von den zum Aufnahmezeitpunkt noch vorhandenen acht Ulmer 03 werden fünf kurz nach dem Fahrplanwechsel z-gestellt und im September 1972 beendet dann 003 088 den Dienst ihrer Baureihe bei der DB.

Im badischen Königshofen führt die aus Lauda kommende Bahnstrecke nach Westen abzweigend in Richtung Osterburken, wohin die Heilbronner 050 492 im September 1972 mit einem kurzen Güterzug unterwegs ist. Nach Süden führt die Strecke vor dem rechts im Hintergrund sichtbaren Walmdachhaus ins württembergische Crailsheim. auf dem Weg dorthin wird vier Kilometer südlich von Königshofen der Ort Edelfigen passiert, der bis 1846 teilweise zu Baden gehörte, aber per Staatsvertrag seither komplett württembergisch ist.

Auf der Strecke nach Osterburken verfolgt Helmut Bittner im September 1972 den Nahverkehrszug 3873 von Würzburg nach Osterburken, der ausnahmsweise mit zwei Crailsheimer 23ern bespannt ist. Um elf Uhr legen 023 019 und 023 037 in Schweigern einen Halt ein (oben) und eine knappe halbe Stunde und 17 Kilometer weiter wird der aus drei Eilzugwagen und einem zweiachsigen Packwagen bestehende Zug im Haltepunkt Hirschlanden erwischt. Die beiden Loks bringen übrigens das Doppelte des Wagengewichtes auf die Waage.

Im September 1972 führt 023 067 den nur sonntags verkehrenden Nahverkehrszug 2706 von Crailsheim nach Lauda und hat gegen acht Uhr ihr Ziel fast erreicht. Im Gegensatz zu den beiden auf der linken Seite gezeigten Loks aus den Bauserien von 1952 und 1954 mit Oberflächenvorwärmer und Gleitlagern an den Stangen hat 023 067 mit Baujahr 1955 einen Mischvorwärmer und Rollenlager.

Im März 1973 hatte der Bahnhof Wallhausen überschaubare Gleisanlagen, die aus dem im Vordergrund sichtbaren Abstellgleis, dem durchgehenden Bahnsteiggleis sowie einem Freiladegleis und dessen Fortsetzung zum Güterschuppen bestanden. Gegen neun Uhr morgens erreicht 023 030 mit dem Nahverkehrszug 2705 von Lauda nach Crailsheim den Bahnhof. (oben)

Mit dem sonntäglichen Nahverkehrszug 2704 von Lauda nach Crailsheim rollt 023 006 kurz vor acht Uhr morgens im Mai 1971 bei Markelsheim an blühenden Obstbäumen vorbei. Im Hintergrund grüßt die Burg Neuhaus oberhalb des Nachbarortes Igersheim. (links)

Im Mai 1971 kommt 003 276 bei Weikersheim mit dem nur sonntags verkehrenden Nahverkehrszug 2705 von Crailsheim nach Lauda um viertel vor acht Uhr morgens am Fotografen vorbei. Auch auf der Strecke Lauda – Crailsheim – Ulm fand übrigens mit dem Sommerfahrplan 1971 eine Umstellung der Zugnummern in der Weise statt, dass vorher die ungeraden Nummern für die Süd-Nord-Richtung galten und hinterher die geraden.

Im April 1971 hat Helmut Bittner sich auf der Brücke der B 290 nordwestlich von Crailsheim positioniert und erwartet gegen 14 Uhr 023 038 mit dem Nahverkehrszug 2718 aus Lauda. Rechts die zweigleisige Strecke aus Ansbach, die sich etwa 500 Meter nördlich von hier der Strecke aus Lauda angenähert hat und kurz vor der im Hintergrund sichtbaren abgebrochenen Feldwegbrücke in einem Bogen auf etwa 700 Metern wieder entfernt, ehe beide in einer Linkskurve der nördlich des Bahnhofes Crailsheim gelegenen Jagstbrücke zustreben.

Knapp einen Kilometer nördlich gegenüber der Aufnahme auf der linken Seite ist im März 1973 die in Nürnberg Rbf beheimatete 050 402 mit einem Güterzug nach Ansbach beim Block Beuerlbach unterwegs. Die Schrankenanlage rechts im Bild markiert den Verlauf der Strecke nach Lauda. Die Ansbacher Strecke ist seit 1985 elektrifiziert, die nach Lauda bis heute nicht. Die Sicherung der beiden Bahnübergänge mit Blinklicht und Halbschranken entspricht der heutigen Situation. (oben)

Auf der Strecke nach Lauda ist die Crailsheimer 052 888 mit einem Zug mit Lademaßüberschreitung an einem frostigen Morgen im März 1973 bei Satteldorf nach Norden unterwegs. Die hier noch ländliche Gegend nördlich des Bahnhofes ist heute durch ein Gewerbegebiet geprägt und etwa am Fotostandort überquert die von der französischen zur tschechischen Grenze verlaufende Autobahn 6 die Strecke. (rechts)

Dem Sonntags-Zug 2705 sind wir schon auf Seite 153 begegnet. Hier ist er mit 003 268 im April 1971 unmittelbar nach der Abfahrt um halb sieben Uhr morgens in Crailsheim zu sehen. Soeben hat der Zug die Brücke der B 290 unterquert und dampft in den offensichtlich kalten Sonntagmorgen. Etwa 40 Meter links vom Aufnahmestandort verläuft die Strecke nach Ansbach, die sich einige hundert Meter weiter nördlich nach Osten wendet, während die Strecke nach Lauda weiter nordwärts führt..

Im Bw Crailsheim tummeln sich im April 1971 neben den hier beheimateten 023 031, 044 565 und 044 386 zwei weitere 23er und eine 50er sowie im Hintergrund eine 216. Die gewaltigen Kohlenvorräte geben Zeugnis vom umfänglichen Dampfbetrieb in Nordwürttemberg. Hinter dem Kohlenlager verläuft die Strecke nach Goldshöfe und Aalen. Die Ulmer 216 werden übrigens bis zum Jahresende weitgehend in Richtung Norden sowie nach Kempten abgegeben und durch zahlreiche neu gelieferte 215 ersetzt, die auch die letzten 03 überflüssig machen.

Die Ulmer 050 566 dampft im März 1973 mit dem Nahverkehrszug 3508, der kurz nach fünf Uhr in Ulm abfährt, gut drei Stunden und 105 Kilometer weiter an der Nikolauskirche in Jagstheim dem nur noch fünf Kilometer entfernten Ziel Crailsheim entgegen. Den sieben Umbau-Vierachsern folgen noch drei gedeckte Stückgutwagen. (oben)

Auch die Baureihe 44 war immer mal wieder mit einzelnen Einsätzen im Personenzugdienst vertreten. So ist im April 1971 die Crailsheimer 044 557 mit dem Nahverkehrszug 3738 am späten Nachmittag gerade in Crailsheim abgefahren, um ihn mit einer guten halben Stunde Fahrzeit ins 27 Kilometer entfernte Schwäbisch Hall-Hessental zu bringen. Der heute denkmalgeschützte Wasserturm markiert die Lage des Betriebswerkes, von dessen heute nicht mehr existentem Lokschuppen über den Wagen die Schornsteine erkennbar sind. (links)

Bei der Abfahrt in Eckartshausen-Ilshofen hat 023 005 im März 1973 mit dem nachmittäglichen Nahverkehrszug 3734 von Crailsheim über Schwäbisch Hall-Hessental nach Heilbronn die ersten zehn der knapp neunzig Kilometer langen Fahrt hinter sich. (oben)

Heute gibt es in Eckartshausen-Ilshofen nur noch zwei Bahnsteiggleise, aber das Empfangsgebäude steht noch und lädt im gemütlichen Restaurant zum Verweilen ein. Als 215 102 im März 1973 gegen elf Uhr mit E 1960 von Crailsheim nach Heilbronn den Bahnhof ohne Halt passiert, diente es noch seinem ursprünglichen Zweck Die am Hektometerstein 40,9 ablesbare Kilometrierung beginnt übrigens in Goldshöfe und führt über Crailsheim mit Richtungswechsel bis Heilbronn. Zuerst eröffnet wurde allerdings 1862 der Abschnitt Heilbronn – Schwäbisch Hall. (rechts)

In der westlichen Ausfahrt des Bahnhofs Eckartshausen-Ilshofen passt Helmut Bittner im März 1973 noch zwei Güterzüge ab. Die Heilbronner 051 540 führt den TEEM 5508 (oben) und die Crailsheimer 044 374 den Dg 6708 (links) nach Heilbronn. Während die 50er nach Umbeheimatung nach Crailsheim 1976 schon zu den allerletzten Dampfloks der DB zählen wird, wird die 44er bereits am 10. April 1973 und damit kurze Zeit nach dieser Aufnahme z-gestellt.

Den Dg 6708 verfolgt Helmut Bittner und macht gut 60 Kilometer weiter westlich in Eschenau eine weitere Aufnahme. (oben)

Da die schweren Güterzugloks am Wochenende weniger ausgelastet sind, bietet sich ihr Einsatz im Personenzugdienst an. So ist 044 480 mit dem samstäglichen Nahverkehrszug 3713 morgens um kurz nach acht Uhr in Heilbronn abgefahren, passiert die Fotostelle bei Großaltdorf im März 1973 knapp zwei Stunden später und erreicht kurz darauf ihr Ziel Crailsheim. (rechts)

Mit 61 Kilometern hat der E 1963 von Heilbronn nach Schwäbisch Hall-Hessental einen recht kurzen Laufweg und bietet mit den drei Umbau-Vierachsern keinen besonderen Komfort. Immerhin kann sich die Reisegeschwindigkeit von 62 km/h sehen lassen. Im März 1973 hat der Zug mit 023 042 gerade den Bahnhof Eschenau durchfahren. Die Lok wird seit ihrer Ausmusterung 1975 im Museum in Darmstadt-Kranichstein erhalten.

Die beiden Bahnhöfe Schwäbisch Hall-Hessental und Schwäbisch Hall liegen etwa 2,7 Kilometer Luftlinie auseinander, während die Bahnstrecke eine Länge von gut sieben Kilometern hat und dabei eine große Schleife südwärts beschreibt und auf einer imposanten Brücke den Kocher überquert. Die Heilbronner 050 856 hat mit ihrem kurzen Güterzug bei Michelbach an der Bilz knapp die Hälfte der Strecke zum Bahnhof Schwäbisch Hall zurückgelegt. (oben)

In der Gegenrichtung ist ebenfalls im März 1973 an der selben Stelle 023 061 mit dem aus Umbau-Dreiachsern bestehenden Nahverkehrszug 3725 von Schwäbisch Hall nach Crailsheim unterwegs. (rechts)

Beim Dg 6745 leistet 023 002 der Heilbronner 052 481 im März 1973 bei Michelbach an der Bilz Vorspann von Heilbronn nach Crailsheim. Für die knapp 90 Kilometer benötigt das Gespann gut drei Stunden. (oben)

Morgens um halb elf Uhr ist 023 061 mit dem Nahverkehrszug 3765 in Backnang gestartet und hat gut eine Stunde später in Schwäbisch Hall-Hessental Richtungswechsel, ehe sie zu ihrem Zielort Schwäbisch Hall weiterfährt. Auf diesem letzten Abschnitt ist sie hier in der Nähe des ehemaligen Haltepunktes Michelbach unterwegs. Auf dem Einkornberg im Hintergrund der Aussichtsturm bei der Ruine der Wallfahrtskirche zu den 14 Nothelfern. (links)

Seinen 24. Geburtstag im Dienst der DB hat der Baureihenerstling 23 001 um genau einen Monat überschritten, als am 7. Dezember 1974 die z-Stellung erfolgt. Er gehört damit zu den am längsten eingesetzten Neubauloks. Im März 1973 erreicht er mit Nahverkehrszug 3819 aus Osterburken den Zielort Heilbronn Hbf. Der Hektometerstein gehört zur Strecke von Goldshöfe über Crailsheim. (oben)

Die in Schweinfurt beheimatete Wannentenderlok 053 129 hat planmäßig eigentlich nichts in Osterburken zu suchen. Vielleicht ist sie im Jahre 1971 an das Bw Heilbronn ausgeliehen, von wo aus Leistungen nach Osterburken gefahren wurden. (rechts)

Südwürttemberg

Im Dezember 1973 ging die Einsatzzeit der preußischen P 8 bei der DB unübersehbar ihrem Ende entgegen. Nur noch drei Loks waren beim Bw Rottweil einsatzfähig. 038 772 steht mit dem Nahverkehrszug 3977 aus vier Umbau-Dreiachsern in Freudenstadt Hbf zur Abfahrt in Richtung Hausach bereit. Die Uhr im Hintergrund zeigt 13:50 Uhr und bis zur Abfahrtszeit des 3977 ist noch knapp eine Viertelstunde Zeit.

Als Helmut Bittner im Frühjahr 1971 in Horb und Umgebung weilte, um die Baureihe 38 noch einmal im Einsatz zu erleben, waren beim Bw Tübingen noch zehn Maschinen im Einsatz, deren drei letzte mit Ende des Winterfahrplans 1972/73 nach Rottweil umstationiert und bis 1974 eingesetzt wurden. Zu den drei letzten gehört auch 038 711, die im Mai 1971 mit dem E 1949 von Freudenstadt nach Stuttgart am späten Vormittag nördlich von Herrenberg den Hektometerstein 38,8 passiert. In wenigen Minuten steht in Böblingen der Lokwechsel auf E-Lok an.

038 711-8

Der 309 Meter lange Mühlener Tunnel zwischen Horb und Eutingen war ein gerne aufgesuchter Fotostandort. Die 038 637 ist die letzte der ehemaligen Wendezugloks mit geschlossenem Führerhaus und bespannt hier im Mai 1971 den Nahverkehrszug 3941 von Tuttlingen nach Stuttgart, mit dem sie in wenigen Metern im Tunnel verschwinden wird. Im September 1971 wird die Lok z-gestellt werden. (oben)

In der anderen Richtung ist 038 711 im Mai 1971 mit Nahverkehrszug 3934 von Sindelfingen nach Horb am Nachmittag gegen halb vier Uhr kurz vor dem Ziel in Horb. Nach ihrer z-Stellung im Februar 1974 wurde die Lok an ein Möbelhaus in der Nähe von Hannover verkauft, wo sie kurze Zeit später aufgestellt wurde. (links)

Der abendliche Nahverkehrszug 3949 benötigt für die 41 Kilometer lange Strecke bis Böblingen mit seiner Lok 038 650 fast eine Stunde. Zehn Minuten später geht es mit einer E-Lok nach Stuttgart weiter. In Horb wartet der Zug im Mai 1971 viertel nach acht Uhr abends auf die Abfahrt. Die 1922 bei AEG gebaute Lok wird ein Jahr später ihren Dienst beenden und als Denkmal erhalten werden. Obwohl sie seit 1977 an verschiedenen Orten unter freiem Himmel steht, ist der äußerliche Zustand erstaunlich gut, was man vor einem Einkaufscenter in Böblingen überprüfen kann.

Der Nahverkehrszug 3983 verlässt Tuttlingen kurz vor zwölf Uhr und erreicht das 71 Kilometer entfernte Ziel Horb fast genau zwei Stunden später. Auf der gesamten von dem Zug befahrenen Strecke wurde während der französischen Besatzungszeit das zweite Gleis entfernt. Zwischen Oberndorf und Sulz besteht aber im Betriebsbahnhof Grünholz eine Kreuzungsmöglichkeit. Im Mai 1971 erreicht 038 711 mit dem Zug gerade diesen Bahnhof. Hinter der Baumreihe links im Hintergrund fließt der Neckar. (oben)

Im April 1973 sonnt sich die hier beheimatete 044 402 vor dem markanten Lokschuppen des Bw Rottweil. Kurz darauf wird die Lok über eine zweiwöchige Zwischenstation in Crailsheim nach Gelsenkirchen abgegeben, wo sie im Mai 1977 mit den allerletzten kohlegefeuerten Dampfloks der DB abgestellt wird. (rechts)

Noch sieben preußische T 18 sind im Frühjahr 1971 beim Bw Rottweil beheimatet, eine weitere in Aalen. 078 192 wird Anfang Juni 1973 als vorletzte abgestellt und vegetiert seit Jahrzehnten unter freiem Himmel in Tuttlingen dem endgültigen Verfall entgegen. Hier ist sie bis auf einige Kalkspuren in gutem Zustand und bei bester Gesundheit im April 1971 mit dem Nahverkehrszug 3914 auf der 27 Kilometer langen grenzüberschreitenden Strecke vom württembergischen Rottweil ins badische Villingen unterwegs. Kurz vor siebzehn Uhr legt sie in Deißlingen einen Zwischenhalt ein.

Sonderfahrten und Museumsloks

Dass von einer Baureihe 75 Prozent aller je gebauten Exemplare erhalten sind, ist recht selten. Unter den deutschen Dampfloks trifft dies auf die Baureihen 97.5 und 99.720 zu, bei denen jeweils drei von vier Loks bis heute überlebt haben. Im April 1971 steht die gut gepflegte Zahnradlok 97 504 in Horb. Über die weiteren Stationen Freudenstadt und Kornwestheim landet sie 1988 im Deutschen Technikmuseum Berlin. 97 501 ist in Reutlingen seit 2012 wieder betriebsfähig und 97 502 kann im Eisenbahnmuseum Bochum bewundert werden. Übrigens ist die häufig für diese Loks verwendete Bezeichnung württembergisch Hz nicht korrekt, denn die Loks wurden bereits unter Regie der Reichsbahn gebaut und erhielten die württembergische Gattungsbezeichnung nicht mehr.

Auf mancher Sonderfahrt jener Jahre wurden zwar bemerkenswerte Fahrzeuge vorgeführt, bei denen aber nicht unbedingt Wert auf einen historisch akzeptablen Kontext gelegt wurde. Im April 1971 waren nur noch fünf 82er in Koblenz aktiv, von denen hier 082 040 und 082 035 bei Gevelsberg mit einem Sonderzug unterwegs sind, in den die frisch restaurierten Rheingoldwagen des FEK eingereiht sind. (oben).

Auch mit der Baureihe 55 ging es rapide zu Ende und das letzte Dutzend tummelte sich im Mai 1971 auf den Rangierbahnhöfen in Hohenbudberg, Wedau, Neuss und Gremberg. Eine Sonderfahrt führte 055 738 und 055 455 nach Münster. Während letztere ihre alten Nummernschilder trägt, ist erstere mit Computernummer und einer gewöhnungsbedürftigen an die preußische Zeit angelehnten Lackierung und zugehörigem Nummernschild unterwegs. Diese Livree trug die Lok übrigens bis zur Ausmusterung, die im April 1972 erfolgte. (links, Sammlung Thomas Dietrich)

Am 12. September 1971 war die Gremberger 55 4455 mit einem Sonderzug von Troisdorf über Betzdorf zur Westerwaldbahn unterwegs. Der dort geplante Einsatz der 89 7159 musste wegen eines Heißläufers entfallen.

Das Bild oben zeigt den stilreinen Donnerbüchsenzug mit Postwagen im Bahnhof Betzdorf, ehe die Lok im Bw gedreht wird. Bei der Rückkehr entstand abends die Aufnahme rechts in Troisdorf (Sammlung Thomas Dietrich). Die Lok mit der vorwärts wie rückwärts lesbaren Nummer wurde Anfang Juli 1972 als letzte 55er z-gestellt und am Wohnort von Helmut Bittner in Witten bei der Firma Metzger – nomen est omen – zerlegt.

Sonderzüge müssen nicht immer für Eisenbahnfreunde fahren und bis heute ist es gang und gäbe, dass im Herbst solche Züge zu Weinfesten an die Mosel fahren.

Im Oktober 1971 erwischt Helmut Bittner zwei dieser Züge in Koblenz-Mosel auf der Fahrt zu den Weinorten. Die Koblenzer 050 361 hat zehn Eilzugwagen der Vorkriegsbauart am Haken. Bei dem ersten handelt es sich um einen Wagen mit Speiseraum und an sechster Stelle läuft ein roter Gesellschaftswagen. (oben)

Dem zweiten Zug ist die ebenfalls in Koblenz beheimatete Rangierlok 260 281 vorgespannt, der acht Dreiachser-Umbauwagen folgen. Dahinter ist wieder ein Gesellschaftswagen eingereiht, dem fünf Wagen folgen, deren Bauart nicht identifiziert werden kann. Erfahrungsgemäß wird bei solchen Fahrten bereits auf dem Hinweg dem Alkohol deutlich zugesprochen, sodass der Fahrkomfort wohl zweitrangig war. (links)

Auch bei der Fahrt am 3. Oktober 1971 waren dem Sonderzug FEK-Rheingoldwagen angehängt, die nicht so recht zum sonstigen Bild passten. Auf der interessanten Fahrtroute Köln – Aachen – Herbesthal – Eupen – Monschau – Kalterherberg wurde die deutsch-belgische Vennbahn befahren. Bei Roetgen legt der Zug mit der in Köln-Eifeltor beheimateten 094 561 einen Fotohalt ein (oben). Auch auf der Vennbahn kann man heute mit dem Rad dem alten Bahndamm folgen. (oben)

Einen Tag vor der z-Stellung fährt 082 021 am 14. Januar 1972 bei Schmuddelwetter noch einmal einen Sonderzug in den Westerwald und hat auf dem Foto rechts den Bahnhof Altenkirchen erreicht. Dort war sie von Ende 1951 bis Mai 1966 und damit gut drei Viertel ihrer 18 Jahre und zehn Monate dauernden Dienstzeit beheimatet. Nur 082 035 ist danach noch für wenige Wochen als letzte ihrer Baureihe im Einsatz. (rechts)

Die erste private Museumslok auf DB-Gleisen war ab Frühjahr 1971 die von Gerhard Moll gerettete und aufgearbeitete 89 7159, die im April 1972 in Bad Berleburg in ihrer grünen Erstlackierung unter Dampf steht. Die 1968 vom Walzwerk Schwerte erworbene Lok wurde erst 1910 bei Henschel gebaut und war nie in Staatsbahndiensten. Ihre Nummer bekam sie, weil es eine Reichsbahnnummer sein sollte und irrtümlich ein Rahmentausch mit einer von Hohenzollern gebauten Lok mit der auf die 89 7158 folgenden Fabriknummer vermutet wurde. Die Lackierung wurde später auf das gewohnte schwarz/rot angepasst und die Nummer trägt sie bis heute, wo sie im DGEG-Museum in Neustadt a.d. Weinstraße Anfang der 2020er Jahre einer hoffentlich langen Zeit als betriebsfähige Museumslok entgegensieht

Als die Arbeitsgemeinschaft Eisenbahn-Kurier e.V. aus Solingen ihren Abonnenten kurzfristig eingelegte Sonderfahrten im September 1972 mit der von der Deutschen Reichsbahn erworbenen 24 009 ankündigte, konnte man aufgrund des Datums nicht an einen Aprilscherz glauben, rieb sich dennoch verwundert die Augen – und reservierte umgehend die erste Fahrt für preiswerte 27,80 DM. Am 24. September 1972 war es dann so weit und die seit dem 9. des Monats in der Bundesrepublik weilende Lok bespannte den ersten Sonderzug von Hannover über Hildesheim, Hameln, Emmerthal, Vorwohle, Kreiensen, Seesen und Hildesheim zurück nach Hannover. Nach gut zweistündigem Aufenthalt verlässt der stilreine Zug Kreiensen nachmittags in Richtung Seesen.

Zahlreiche weitere Sonderfahrten mit 24 009 standen in den folgenden Wochen und Monaten auf dem Programm. Am 18. November 1972 ging es von Siegen über Finnentrop, Wennemen, Bestwig, Brilon, Korbach und Frankenberg nach Erndtebrück. Bei Korbach wird die früh verschneite Landschaft bei herrlichem Sonnenschein für eine der damals problemlos auf freier Strecke möglichen Scheinanfahrten genutzt. Solche Aufnahmen können heute meistens nur noch von den Fotografen gemacht werden, die nicht im Zug mitfahren.

Mehrjährige Tradition hatten die EK-Winterfahrten in den Harz nach Altenau. Am 21. Januar 1973 führte natürlich die 24 009 den in Hildesheim gestarteten Zug. Bei Frankenscharrnhütte westlich von Clausthal-Zellerfeld hat der Zug seit Langelsheim, wo die Strecke von der Hauptbahn Kreiensen – Goslar abzweigt, auf 22 Kilometern bereits 275 Höhenmeter geschafft, denen noch weitere 80 folgen, ehe es zum Endbahnhof wieder bergab geht. (oben)

Am 13. Februar 1972 waren 094 567 und 094 186 vom Bw Lehrte mit der gleichen Aufgabe am gleichen Ort bei deutlich schlechterem Schmuddelwetter beschäftigt. (rechts)

Auch der Einsatz der 1903 gebauten bayerischen Malletlok 98 727 war Anfang der 1970er Jahre eine kleine Sensation. Die 1943 ausgemusterte Lok überdauerte bei der Regensburger Südzucker bis zur Rettung als Museumslok durch das Darmstädter Museum. Am 11. März 1973 bespannt sie einen Sonderzug von Würzburg nach Lauda, der über die Nebenbahn Ochsenfurt – Weikersheim führte, die geringfügig jünger als die Lok ist und zwischen 1974 und 1992 stillgelegt wurde. Oben ist der Sonderzug bei Tauberrettersheim unterwegs. (oben)

Im Mai 1967 wurde 18 505 als letzte bayerische S 3/6 z-gestellt und für die museale Erhaltung in Treuchtlingen und später Neuenmarkt-Wirsberg hinterstellt. Zunächst als Leihgabe an die DGEG kam sie nach Neustadt a.d. Weinstraße, wo sie im April 1973 an der Ladestraße ausgestellt ist. Kurz zuvor war der fünfachsige Einheitstender durch den bayerischen Tender der 18 612 ausgetauscht worden. (links)

Kurz vor der Umstationierung nach Rottweil sind zwei der drei letzten noch in Tübingen beheimateten P 8 im April 1973 mit einem Sonderzug in ihrem zukünftigen Heimatort zu sehen. Während 038 382 den Eindruck einer normalen Betriebslok vermittelt, ist 038 772 farblich aufgefrischt worden. Die 1968 „schief" umgezeichnete 1919 gebaute 38 2383 ist heute im DDM in Neuenmarkt-Wirsberg erhalten. Die vier Jahre ältere 38 1772 ging durch verschiedene Hände, war lange Jahre auch betriebsfähig im Museumseinsatz und nahm unter anderem an den Fahrzeugparaden 1985 teil. Seit Ende der 1980er Jahre ist sie mit einem Wannentender gekuppelt.

Am 2. Juni 1973 war der letzte Tag planmäßiger 01-Leistungen auf der Strecke Bamberg – Hof und damit über die Schiefe Ebene. Der BDEF veranstaltete aus diesem Anlass seine Verbandstagung in Hof und organisierte einen Abschiedssonderzug. Als GesE 23408 führte die erste Etappe mit 001 173 von Hof über Marktredwitz nach Kirchenlaibach. Helmut Bittner nahm den „Oberfranken-Express" bei Kirchenlamitz auf. (oben)

Bei Fattigau sind die Hofer 086 809 und die Weidener 064 415 Lz auf dem Weg nach Kirchenlaibach, um den Sonderzug von dort über Bayreuth nach Neuenmarkt-Wirsberg zu bringen. (links)

Für die Etappe von Neuenmarkt-Wirsberg über die Schiefe Ebene nach Hof als GesE 23409 gesellte sich 001 111 als Vorspannlok vor 001 173 dazu. Soeben hat der aus vierzehn Wagen bestehende Zug Neuenmarkt-Wirsberg verlassen und der Auspuffschlag der beiden Pacifics wird durch ihre Pfeifgeräusche begleitet. Ganz links am Bildrand ist die Rauchfahne der schiebenden 086 809 erkennbar, die mit deutlich schnellerem Stakkato die beeindruckende Akustik ergänzt.

Der Nachschuss zeigt die Schiebelok 086 809 am knapp 600 Tonnen schweren GesE 23409 bei Neuenmarkt-Wirsberg. Jede der beteiligten Loks kann auf der 1:40 geneigten Schiefen Ebene etwa 200 Tonnen bewältigen.

In Marktschorgast ist der Bahnhof von Menschenmassen geflutet. Im Sonderzug sind zwischen je sechs Eilzugwagen zwei rote Gesellschaftswagen eingereiht. Übrigens wurde der Abschied der 01 von dieser Strecke auch in Presse, Funk und Fernsehen umfangreich gewürdigt. (links)

Die 001 150 beendete am 29. September 1973 den Planeinsatz der Baureihe 01 bei der DB mit dem Nahverkehrszug 3228 von Regensburg nach Hof. Danach kam die Lok am 27. und 28. Oktober im Norden zu Sonderzugeinsätzen. Hier ist sie bei herrlichem Herbstwetter bei Lindaunis auf der Klappbrücke über die Schlei mit dem Sonderzug von Hamburg über Kiel nach Flensburg auf der Rückfahrt zu sehen.

Am 28. Oktober 1973 stand eine Sonderfahrt von Hannover über Wolfsburg und Braunschweig nach Bad Harzburg an. Die Rückfahrt erfolgte über Goslar und Hildesheim. Ebenfalls bei bestem Wetter erreicht der Zug Vienenburg, von wo 052 912 aus Lehrte Schubhilfe für den aus vierzehn Wagen bestehenden Zug nach Bad Harzburg leistet.

In Bad Harzburg wartet 001 150 nachmittags um halb vier Uhr unter der berühmten Signalbrücke auf die Rückfahrt. Der Bielefelder Hemdenfabrikant Walter Seidensticker erwarb anschließend die Lok und ließ sie zu Zeiten des DB-Dampfverbotes 1982 aufarbeiten. 1985 nahm die Lok, wie bereits 50 Jahre zuvor, an den Jubiläumsfeiern der deutschen Eisenbahnen teil, wurde von der DB zurückgekauft und lange betriebsfähig unterhalten, ehe sie wie viele andere bei dem verheerenden Brand 2005 in Nürnberg schwer beschädigt wurde. Immerhin konnte sie aber durch die Stiftung Deutsche Eisenbahn erneut aufgearbeitet werden.

Die älteste DB-01 beendete mit einer DGEG-Sonderfahrt am 9. Dezember 1973 ihre Laufbahn und besiegelte das Einsatzende der Baureihe 01 bei der DB. Die Fahrt führte von Essen über Duisburg, Wanne-Eickel, Dortmund und Bochum zurück nach Essen. Aus einem parallel fahrenden Zug geht der Blick auf die mit alter Nummer bezeichnete Lok, die mit ihrem Zug gerade Bochum Hbf passiert hat. (oben)

Am 24. März 1973 macht der Gläserne Zug 491 001 einen Ausflug von München nach Plattling, wo Helmut Bittner den Triebwagen während des exakt zehnstündigen Aufenthaltes porträtiert. (rechts oben)

Kein Sonderzug, aber schon ein besonderer Zug ist der 601-Triebwagen, der im August 1973 auf der Fahrt als IC 159 „Prinzregent" von Frankfurt nach Innsbruck zur Mittagszeit den Grenzbahnhof Kufstein erreicht. (rechts).

Damit endet die Reise durch die Jahre 1971 bis 1973 mit Aufnahmen von Helmut Bittner...

INTER CITY

Auch das wird Sie interessieren ...

Bundesbahn-Fotoalbum

Band 1: 1961 bis 1967 – Helmut Bittner (1941 – 2014) gehört nicht zu den „großen Namen" der Eisenbahn-Fotografie, sein Wirken geschah eher im Hintergrund. Er lieferte Titel-Motive für die Zeitschrift EisenbahnGeschichte, er half zudem mit Vergnügen, die Bücher und Beiträge anderer Autoren zu bebildern. Rund 8000 Bittner-Aufnahmen (Farb- und sw-Dias) hat die DGEG in ihr Archiv übernommen, im wesentlichen in Deutschland entstandene Fotos – von der Nordsee bis in die Alpen.

Helmut Bittner: Bundesbahn-Fotoalbum, Band 1: 1961 bis 1967; 168 Seiten im Format 24 x 22 cm, ca. 160 SW- und Farbaufnahmen, fester Einband; ISBN 978-3-946594-05-5; **29,80 €**

Bundesbahn-Fotoalbum

Band 2: 1968 bis 1970 – Im zweiten Band des „Bundesbahn-Fotoalbums" geht es um Helmut Bittners Aufnahmen aus den Jahren 1968-1970. Im Mittelpunkt stehen dabei das Ende der Dampftraktion auf der „Rollbahn" Hamburg – Osnabrück, auf den Strecken Nordostbayerns, Hessens, Nordbadens/Unterfrankens, an der Mosel sowie Foto-Touren nach Altenbeken und an die Magistrale Hamm – Hannover – Helmstedt.

Helmut Bittner: Bundesbahn-Fotoalbum, Band 2: 1968–1970. 192 Seiten im Format 24 x 22 cm, fester Einband, ca. 200 Abbildungen; ISBN 978-3-946594-15-4; **29,80 €**

Die »Rollbahn« und ihre Stationen

Band 1: Bremen – Hamburg – Die so genannte „Rollbahn" Ruhrgebiet – Osnabrück – Hamburg gehört zu den wichtigsten deutschen Magistralen. Bei Eisenbahnfreunden genießt sie bis heute einen besonderen Ruf. In dieser auf drei Bände angelegten Buchreihe portraitiert in Band 1 Benno Wiesmüller den nördlichen „Rollbahn"-Abschnitt Bremen – Hamburg und stellt neben den Zügen dessen Stationen und andere herausragende Bauwerke, etwa die Elbbrücken, vor.

Benno Wiesmüller: Die „Rollbahn" und ihre Stationen, Band 1: Bremen – Hamburg. 160 Seiten, DIN A4 hoch, fester Einband, ca. 300 Abb., z.T. in Farbe; ISBN 978-3-937189-61-1; **29,80 €**

Hamburgs Tore zur Welt

Die Fernbahnhöfe der Hansestadt, gestern und heute – Hamburg, das Tor zur Welt. Gemeint ist damit natürlich der Hafen. Für die Hamburger hingegen sind bzw. waren die Tore zur Welt eher die Fernbahnhöfe. Im Mittelpunkt des Hamburgischen Schienenpersonenfernverkehrs steht seit über 100 Jahren der Hauptbahnhof; auch in den Bahnhöfen Dammtor, Harburg und Altona halten heute zahlreiche Fernzüge. Darüber hinaus gab es noch einige weitere Stationen, denen im Fernverkehr Bedeutung zukam. Sie alle werden porträtiert.

Benno Wiesmüller: Hamburgs Tore zur Welt – die Fernbahnhöfe der Hansestadt gestern und heute. 168 Seiten, DIN A4, ca. 300 Abb., fester Einband, ISBN 978-3-937189-87-1, **34,80 €**

Mit Dampf auf der Nord-Süd-Strecke zwischen Main und Fulda

Nach dem Zweiten Weltkrieg wurde die Nord-Süd-Strecke zu einer der wichtigsten Magistralen der DB. Zu Dampfzeiten konnte man hier die leistungsstärksten Loks antreffen. Vor allem im Gebirgsbereich der Main-Weser-Wasserscheide mussten auf den Streckenabschnitten Gemünden – Fulda – und Frankfurt – Fulda Höchstleistungen erbracht werden.

Rolf Brüning: Mit Dampf auf der Nord-Süd-Strecke zwischen Main und Fulda, Band 9 der Reihe Farbbild-Raritäten aus dem Archiv Dr. Rolf Brüning. 132 Seiten, Format 24 x 22 cm, fester Einband, ca. 150 Farb-Abb., ISBN 978-3-937189-82-6; **27,80 €**

»Vor Einfahrt: Halt!«

Fotografische Beobachtungen in westdeutschen Straßenbahn-Depots – Weniger im Fokus der Straßenbahn-Fotografen sind oft betriebliche Anlagen, wie z.B. Betriebshöfe, meist entstanden Fotos als „Beifang". Die Autoren haben einige Schätze in Archiven gefunden, die einen Einblick in eine längst vergessene Technik-Epoche bieten. Das Buch gliedert sich nach unterschiedlichen Themen wie z.B. „Vorfelder & Fassaden", oder „Rangier- & Arbeitsfahrzeuge" und führt durch die Depots der Betriebe an Rhein und Ruhr, am Niederrhein, im Bergischen Land und in Westfalen.

Wolfgang R. Reimann, Axel Ladleif, Jörg Rudat: »Vor Einfahrt: Halt!«; 144 Seiten im Format 24 x 22 cm mit ca. 160 SW- und Farbaufnahmen, fester Einband, ISBN 978-3-946594-17-8; **27,80 €**

DGEG Medien GmbH · Monforts Quartier 1 · 41238 Mönchengladbach
Tel. 0 21 61 – 4 63 46 22 · medien@dgeg.de · www.dgeg-medien.de